超ひも理論とはなにか

究極の理論が描く物質・重力・宇宙

竹内　薫　著

ブルーバックス

装幀／芦澤泰偉・児崎雅淑
カバーCG／竹内　薫
目次・章扉デザイン／中山康子
本文図版／さくら工芸社
カバーCGはマセマティカで描いた「カラビ-ヤウ空間」

はじめに　まずは超ひもを見てみよう

いきなりだが、超ひもの写真をご覧いただきたい。（図1　超ひもの「顕微鏡」写真）
そう、これが、かの有名な「超ひも」である。世界で一番小さな「物質の素《もと》」というわけだ。
こんなものから宇宙はつくられている。少なくとも、究極の物理理論を追い求めている理論物理学者たちは、そう信じている。

この写真の拡大率は、とっても大きい。この箱の一辺の長さは、

「0・000000000000000000000000000000001センチメートル」

くらいであり、小数点以下にゼロが32個も続いて、ようやく33番目に1がくるのだ。これを（量子論の創始者の名前をとって）「プランク長さ」と呼んでいる。

ちなみに、水素原子の大きさは、

「0・00000001センチメートル」

くらいだし、水素原子の真ん中にある「陽子」だって、

「0・0000000000001センチメートル」

にすぎない。陽子の外にある「電子」も、

「0・00000000000000001センチメートル」

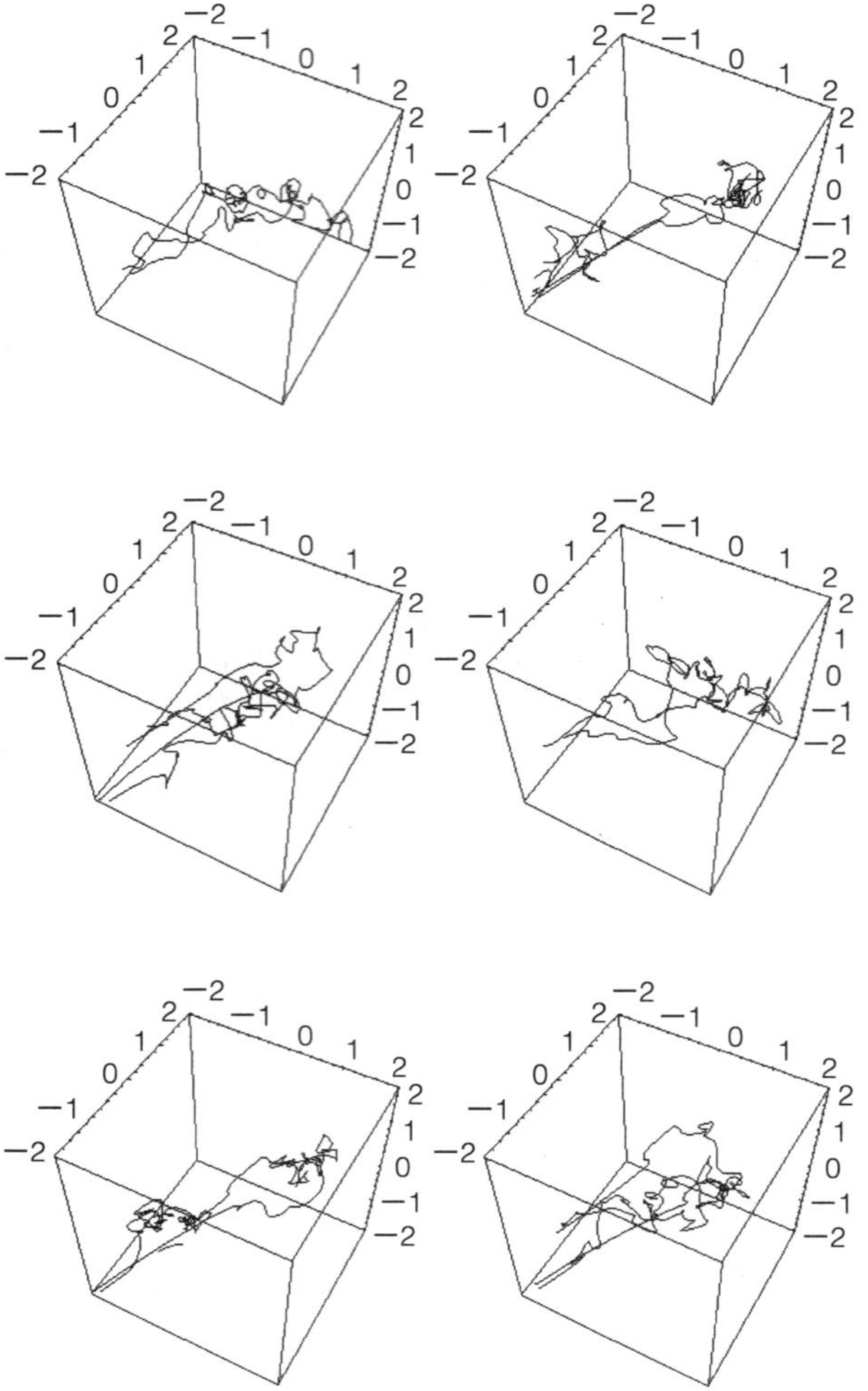

図１　超ひもの「顕微鏡」写真

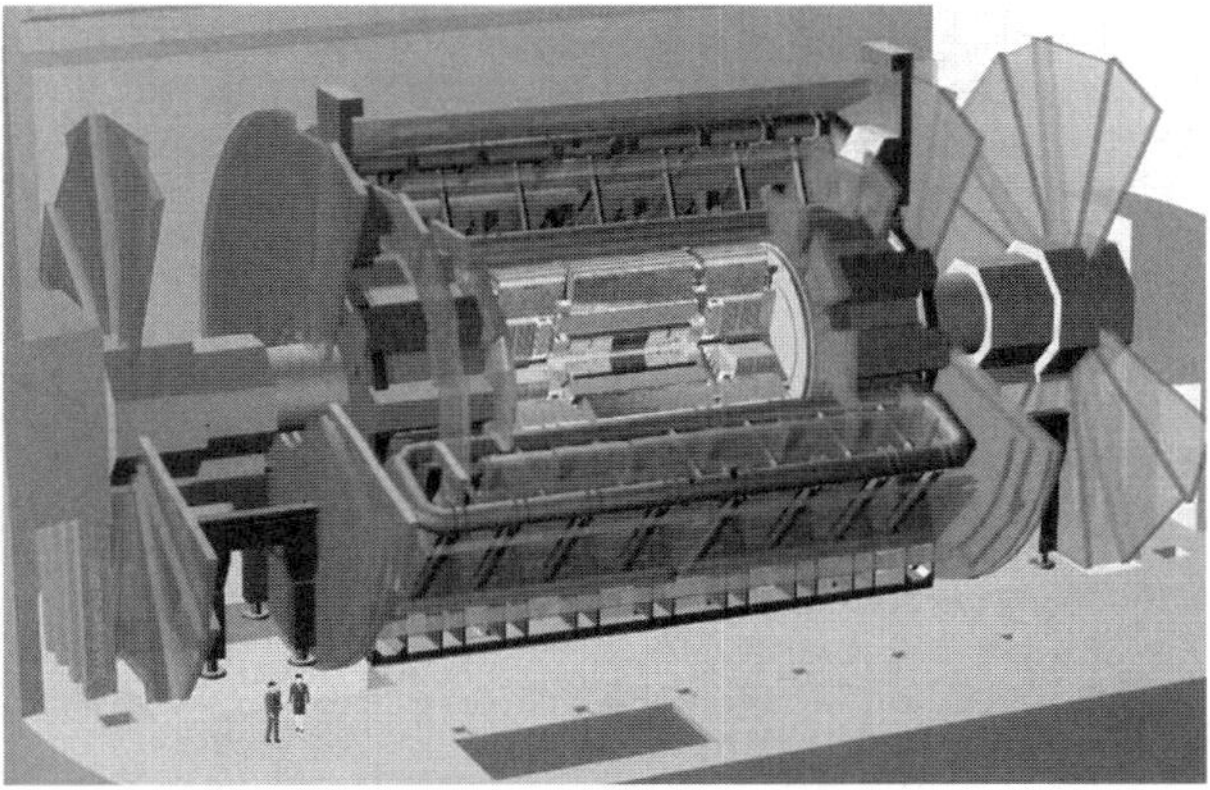

図2　検出装置も巨大になる？
「アトラス」という名前のついた実験は素粒子の謎に迫る

より小さいのだが、それでもプランク長さまでには、かなりの桁数がある（ここらへんが現在、実験によって確かめることのできる最小の長さである）。（**図2　検出装置も巨大になる？**「アトラス」という名前のついた実験は素粒子の謎に迫る）

とにかく、超ひもは、物理学者でも気が遠くなるほど小さいのだ。

さて、この写真には、いくつか保留条件がつくので、順に説明していきたい。

まず、この写真は、本当は理論をもとに私がマセマティカで描いたものなので、実際の顕微鏡写真ではない。

第二に、この写真は、「超ひも」ではなく、「ボソンひも」と呼ばれるひもだ。

第三に、この写真はボソンひもが棲む（本来の）26次元ではなく、そのうちの3次元だけを抜き出してきたものなのだ。

第四に、この写真には（最近の理論の発展によって存在が判明した）Dブレーンが描かれていない。

第五に、この写真は、量子化される前の古典的なひもなのだ。

ということは、精確にいえば、われわれは、

「26次元のボソンひものシミュレーションを行い、そのうちの3次元だけをCGにして見ている」

のである。

というわけで、まあ、かなり限定的なシミュレーションではあるが、少なくとも、高次元に棲む「ひも」の姿をチラリと垣間見ることはできたはず。

だが、以上の限定条件を読むと、山ほど疑問が湧いてくるだろう。

疑問1　そもそも、実際の超ひもを顕微鏡や望遠鏡その他の測定装置を使って「見る」ことは可能なのだろうか？　いいかえると、超ひもは実験的に検出可能なのだろうか？

疑問2　「超」とか「ボソン」という言葉が気になってしかたがない。いったい、どういう意味なのだろう？

疑問3　26次元から3次元を「抜き出す」というのは、いったい、どういうことなのだろう？

疑問4　Dブレーンと超ひもとは、いったい、どのような関係にあるのだろう？　Dブレーンの「D」は何を意味するのだろう？

疑問5　古典的なひもと量子的なひものちがいは何なのか？

この本では、このようなさまざまな疑問に直感的にお答えしていきたい。

オリジナルな切り口により、超難解といわれる超ひも理論の「具体的なイメージ」を読者に伝えることができるよう、最大限の努力をするつもりだ。

本書の中身は、朝日カルチャーセンターや千葉大学での講義が元になっている。この場を借りて、生徒さんや学生諸君からの貴重なフィードバックに感謝したい。

それでは、いつもの教室のように、準備万端整えたあとは、ゆっくりと肩の力を抜き、深呼吸をして、愉しい「科学」の話に突入することとしよう。

竹内節による超ひも理論の世界へ、いざ！

もくじ

コラム目次

第1章　オーソドックスな超ひも理論入門

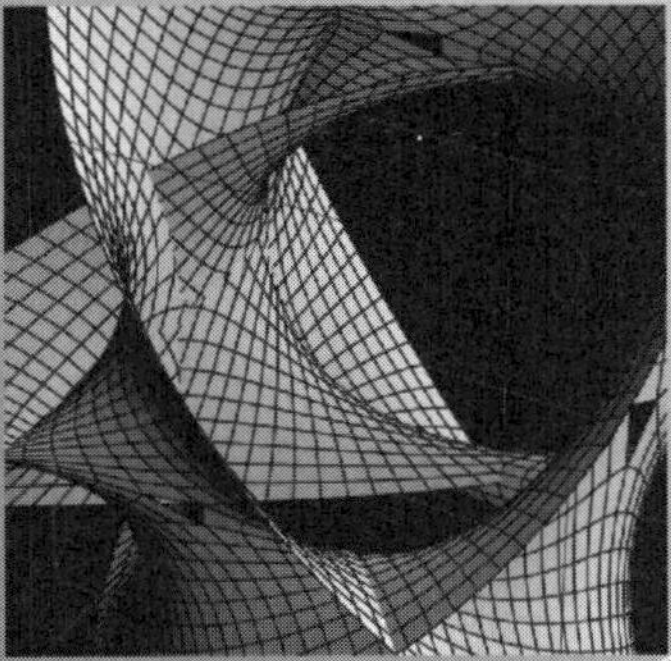

第1章

オーソドックスな超ひも理論入門

＝この章の要点＝

超ひも理論は豊富な食材を集めてきてグツグツと煮込んだ料理のようなものだ。量子論や相対論や超対称性といった概念が、超ひもを理解するのに欠かせない。超ひも理論の構造は次のようになっている。

超ひも理論 ＝ 量子論 ＋ (特殊) 相対論 ＋ 超対称性 ＋ ひも

早い話が、このレシピで料理をつくると超ひもになるのである。

この章では、超ひもとDブレーンの横顔をご紹介しつつ、統一理論などの背景や個々の食材の味見をしてみることにしたい。

あくまでもメインディッシュの「超ひも」を念頭におきながら――。

歴史的な流れからいうと、超ひも理論の流れには２度のピークがある。

最初は１９８０年代半ばの「第一次超ひも革命」であり、グリーンとシュワルツという２人の研究者の計算により、

「10次元の超ひも理論は、数学的に矛盾しない量子重力理論であり、究極理論の可能性がでてきた」

ということがわかり、世界中の理論物理学者のあいだで超ひもの研究が大流行したのである。

その後、10年間、超ひも理論は鳴かず飛ばず（失礼！）の時代を送り、１９９０年代半ばになって、ふたたび脚光を浴びるようになった。

この章でご紹介するのは、その第一のピーク時の超ひも理論の姿である。

一口量子論

超ひもを味わう前に、食材の１つである「量子論」についてだけ手短に解説しておこう。（相対論と超対称性については巻末の補足をご覧ください）

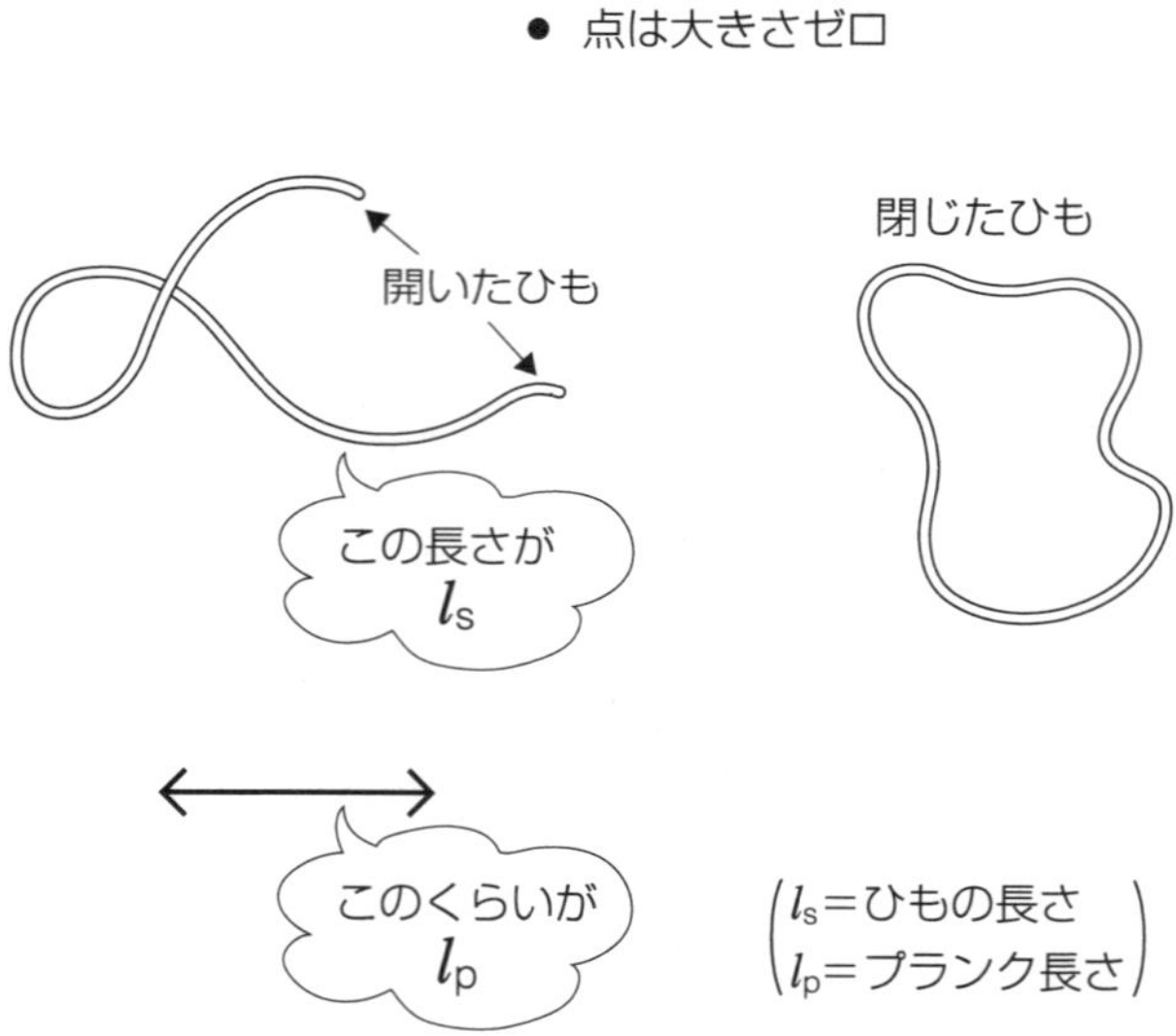

図3　大きさのない点と大きさのあるひも

超ひもは量子論である。「ひも」の量子力学なのである。

それでは通常の量子力学は何の量子力学かといえば、それは「点」の量子力学なのである。ひもは大きさをもっている。点は大きさをもっていない。それがのちに決定的な差を生むことになる。（図3　大きさのない点と大きさのあるひも）

ポイント　超ひも理論は「拡がりをもった」物体の

量子論である

まずは、点とひものちがいは無視して、「量子」という言葉の本質に迫ってみよう。

何かを量子論で考えることを「量子化」という。点やひもを量子化するとどうなるのか？

一般的な特徴を上げてみよう。

1　不確定性がでてくる
2　可能性の世界になる
3　エネルギー＝振動数
4　エネルギーは飛び飛びの値をもつようになる

図4　若き日のハイゼンベルク

まず、「1　不確定性がでてくる」であるが、ヴェルナー・ハイゼンベルク（1901－1976）が最初に指摘したので「ハイゼンベルクの不確定性原理」と呼ばれている。（図4　若き日のハイゼンベルク）

あまりにも有名な思考実験ではあるが、たとえば電子のようなちっちゃくて軽いものを「見る」ためにγ線（＝波長の短い光）をぶつけたらどうなるかを考えてみよう。

γ線の勢いのせいで、電子はどこかにすっ飛んでいってしまうであろう。つまり、電子の位置を精確に測定することはできないのである。いいかえると、「観測」という行為が「対象」に影響を及ぼして、その対象の状態を変えてしまうのだ。

このように、ミクロの世界では、観測という行為そのものが対象を大きく攪乱《かくらん》してしまうために、マクロの世界とは本質的に物理法則が変わってくる。

不確定性は、通常、2つの物理量を同時には精確に決めることができない、という形で出現する。まさに「こちらを立てればあちらが立たず」というジレンマに陥るのである。

ジレンマに陥る組み合わせとしては、次のようなものがある。

＝こちらを立てればあちらが立たない例＝

a　位置と運動量
b　時間とエネルギー
c　粒子数と位相
d　位置そのもの（ひもの場合）

まずaであるが、電子の位置を決めようとすると運動量が不確定になる。逆もまたしかり。これは一番有名な例である。

次にbであるが、素粒子のエネルギーを決めようとすると長い時間をかけた測定が必要になる。逆に時間が短いとエネルギーは不確定になる。

cは少し難しい。量子論の不確定性は、実をいえば「波」の性質からきている。波というのは、もともと、拡がった存在であり、精確な位置を決めることができない。

波には「位相」と呼ばれる性質がある。たとえば、お風呂に浸かって、手をバチャバチャさせると無数の波ができる。位相がそろっていない波である。ところが、しばらく手を規則的に動かしていると、いつのまにか波の動きがそろってきて、大きな山と深い谷ができてくる。波の位相がそろった状態である。

位相がそろっていない状態では、ある意味、個々の波を識別することが可能なので、(個々の波を粒子と考えれば)粒子数は確定する。

逆に、位相がそろった状態だと、(全体が足並みそろえて「行進」しているので)個々の波は識別できないから、粒子数は不確定になる。

位相と粒子数とは、まさに、こちらを立てればあちらが立たない関係にある。

この粒子数の不確定性から、生成と消滅という量子に特有の情況が生まれる。粒子数が決まらないということは、素粒子が生まれたり消えたりしている、ということだからである。

われわれは「真空」には何もないと思っているが、それは量子論以前の先入観なのであり、量子論の世界では、真空は素粒子の生成・消滅の場になっている。

dは「ひもの不確定性」と呼ばれているものだが、説明は81ページまでお待ちください。

さて、量子論の第二の性質である「2　可能性の世界になる」話に移ろう。

量子化を行うと不確定性がでてくるといったが、その不確定性の大本は「波」の性質なのであり、その波の性質の源は「可能性」と「確率」の関係にある。

量子の世界は二重構造になっている。可能性の世界と確率の世界である。

もっと詳しくいうと、

可能性 ＝ 複素数 ＝ 「水面下の世界」における重ね合わせ

確率 ＝ 実数 ＝ 「われわれが見ている」世界

ということになる。

これまで量子化という言葉を使ってきた。だから、まるで「人工的に量子化という操作を行う」かのような印象をもたれたかもしれない。

だが、実際は、そうではない。

人間が勝手に何かをするのではなく、この宇宙そのものが、もともと、量子的にふるまうのである。だから、量子化というのは、単に、人間が自然をより緻密《ちみつ》に理解しようとして「精確な言葉遣いをする」ことにすぎない。

この宇宙は、われわれが見ている「表」の世界と量子が踊る「裏」の世界の二重構造になっている。表の世界は実数の世界であり、裏の世界は複素数の世界である。

よく「量子力学の基本原理は重ね合わせだ」と教科書に書いてあるが、「重ね合わせ」というのは、案外と理解しにくい概念だ。なぜかといえば、その重ね合わせは複素数の重ね合わせだからである。

たとえば、実数の世界では、数字の3と8を重ね合わせることなどできない。$3+8=11$なのであり、そこで話はおしまいである。測定装置で3メートルと8メートルという位置を測ったとしよう。それを足したら11メートルである。

面白くもなんともない。

ところが、複素数の世界では、2つの位置を足しても、そこで話がおしまいではない。

複素数の和は「重ね合わせ」になるのだ。

どうして話がおしまいでないかというと、観測装置では「実数」しか測ることができないからである。だから、複素数の世界で何かが起きたとしても、われわれがその結果を測定するためには、複素数を実数に「変換」してやらないといけない。

「裏」の世界
可能性の重ね合わせ
複素数

↓ 変換

「表」の世界
確率的に実現
実数

宇宙には、われわれの目には見えない「複素数・可能性」という水面下のレベルが存在していて、それを観測すると「実数・確率」という形で具体的な測定装置の数字が浮かび上がってくるのである。

だが、なぜ、宇宙が、そのような二重構造になっているのか、その理由は誰にもわからない。もしかしたら、超ひも理論が完成された暁には、その理由が判明するのかもしれないが、今のところ、もっともらしい説明は見当たらない。

さて、「3　エネルギー=振動数」と「4　エネルギーは飛び飛びの値をもつようになる」は、量子論の原理というよりも「帰結」である。

まず、なぜ、エネルギーが振動数になるのかであるが、これは、量子の可能性の世界が複素数で記述され、その方程式が「波動方程式」であることと関係する。

通常、波動と粒子は相いれない概念だが、量子論においては、この2つの区別はあいまいになる。

量子という言葉は「量」の「単位」というほどの意味であり、たとえば量子論を水素原子に適用すると、エネルギーは飛び飛びの階段状になる。なぜかといえば、量子は複素数の波なのであり、陽子の廻りを回っている電子の軌道上に存在できる波の振動数は限られるからである。(中途半端な振動数だと、軌道上で波がきちんとつながらないから!)

量子論の世界でエネルギーがデジタルになることは、超ひもの質量を理解するのに欠かせない。さらには、ブラックホールの状態を超ひもにおきかえて数えるときにも必要になる。

以上が超ひもが踊る「舞台」としての量子論的な世界の概要である。

コラム 複素数とは?

複素数は「波」をあらわすのに便利な数だ。そのため物理学や工学で波動現象をあつかうときには複素数を使うことが多い。

複素数は実数と虚数の「複合体」である。英語なら「コンプレックス数」(complex number)である。

虚数は2乗するとマイナスになるような数のことだ。

量子論の方程式にでてくる関数は複素数の世界の関数なので、そのままでは観測結果と比べることができない。人間には実数しか見えないからである。そこで、量子論の複素数を「2乗」して虚数を実数

に変換してやって、実験値と比較するのである。(精確には2乗ではなく「絶対値」の2乗をとる)

量子論では、工学への応用とはちがって、便利だから複素数を使っているわけではない。量子論は複素数なしでは成り立たない世界なのである。

3つばかり準備を

超ひもの話に入る前に3つだけ概念的な準備をしておきたい。(手短にやります!)

準備1　距離はエネルギーの「逆」である

一見、距離とエネルギーの間にはなんの関係もないように思われる。だが、物理学者のアタマの中では、この概念が逆であることは常識になっている。

こんなふうに考えていただきたい。

花瓶を床に叩きつけて割ってみよう。花瓶は粉々になるだろうが、分子レベルまで分解することはできない。エネルギーが足りないからだ。そこで、今度はトンカチをもってきて、もっと強く叩いて、破片が細かくなるまで砕く。そうやって、どんどんエネルギーを大きくしていくと、破片はどんどん小さくなっていって、しまいには分子になって、さらには原子になるであろう。

あるいは、宇宙の始まりを思い浮かべてみよう。宇宙は小さい灼熱地獄でエネルギーは大きい。現在は、宇宙は大きくなったが、冷えてしまって、観測されるエネルギーは小さい。

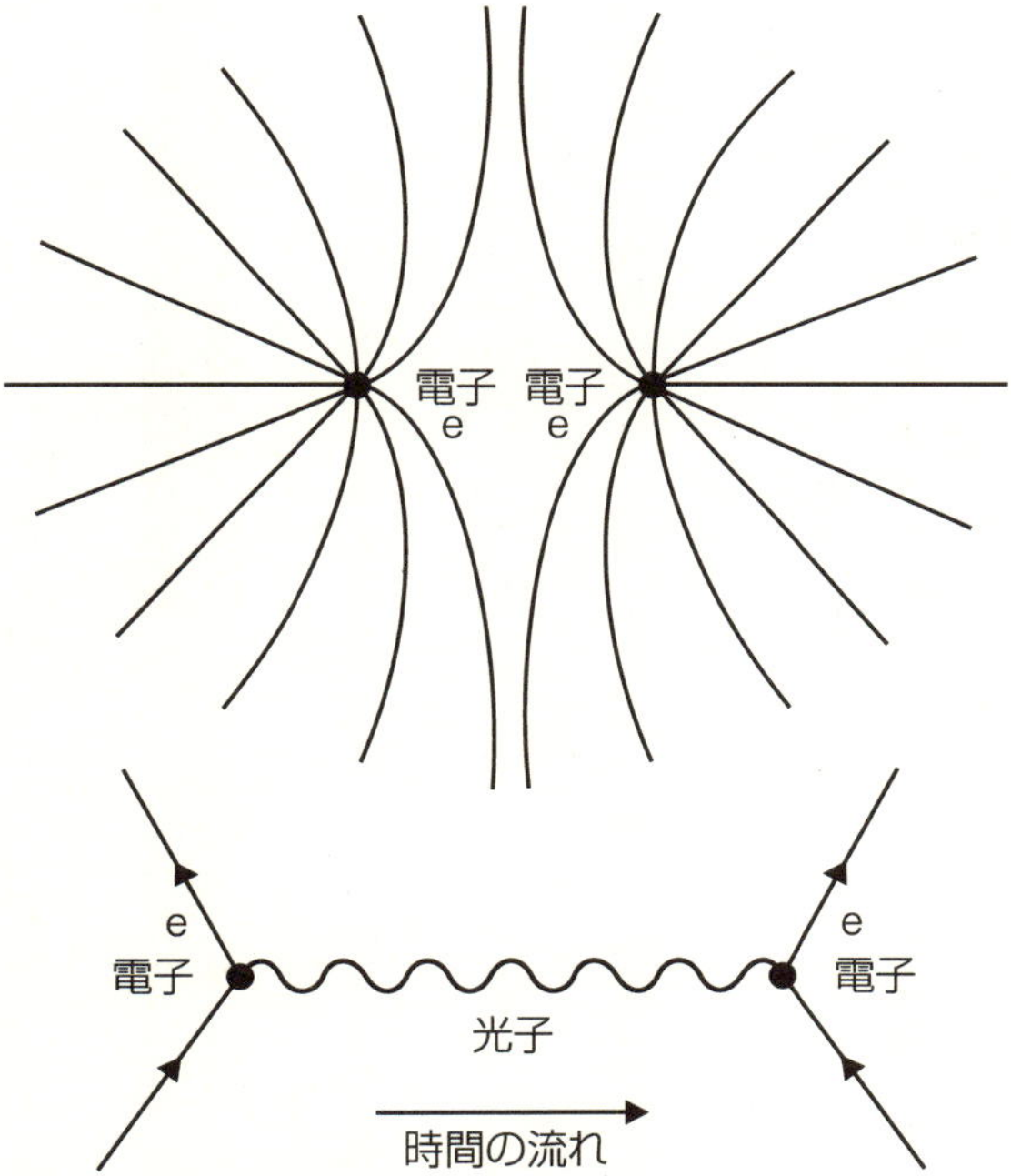

図5　古典的には「力線」(上)、量子的には「キャッチボール」(下)

準備2　古典と量子の差を絵で見てみる

超ひもが古典的なひもではなく量子論的なひもであることを理解するために、ここでは、古典と量子の差を絵で実感してみよう。電子の相互作用である。(図5　古典的には「力線」、量子的には「キャッチボール」)

誰でも知っているように古典的な描像では、「電荷から周囲に力線が流れ出ている。力線が密なところでは力が強く、疎なところでは力は弱い」

ということになり、同じ電荷から出ている力線同士は反発しあう。もちろん、電荷から流れ出ている力線は電磁場ということになる。

これが量子による記述になると、

「2つの電子は光子のキャッチボールをして相互作用する。その強さは電荷の2乗に比例する」

ということになる。このキャッチボールの絵は天才物理学者のリチャード・ファインマンが考え出したもので、ファインマン図と呼ばれている。よくよく見てみると、最初にあった2つの電子は一時的に消滅してしまい、代わりに光子が生成されている。その光子もアッという間に消滅してしまい、ふたたび電子が2つ生成される。だから、ファインマン図は、素粒子の生成と消滅をあらわしているのであり、それは粒子数の不確定性なのであり、まさに量子力学の本質を描いた図なのだ。（素粒子のキャッチボールの詳細については、この章の後半にでてきます）

準備3　重力理論のイメージ

超ひも理論からは「重力理論」がでてくるので、もう1つだけ、アインシュタインの重力理論のイメージも培っておこう。いわゆる古典重力理論である（**図6**　古典重力も「力線」だが、量子重力は単なるキャッチボールではない）。

電子の相互作用の図と比べると、力線の図と似ていることがおわかりいただけるだろう。なぜ

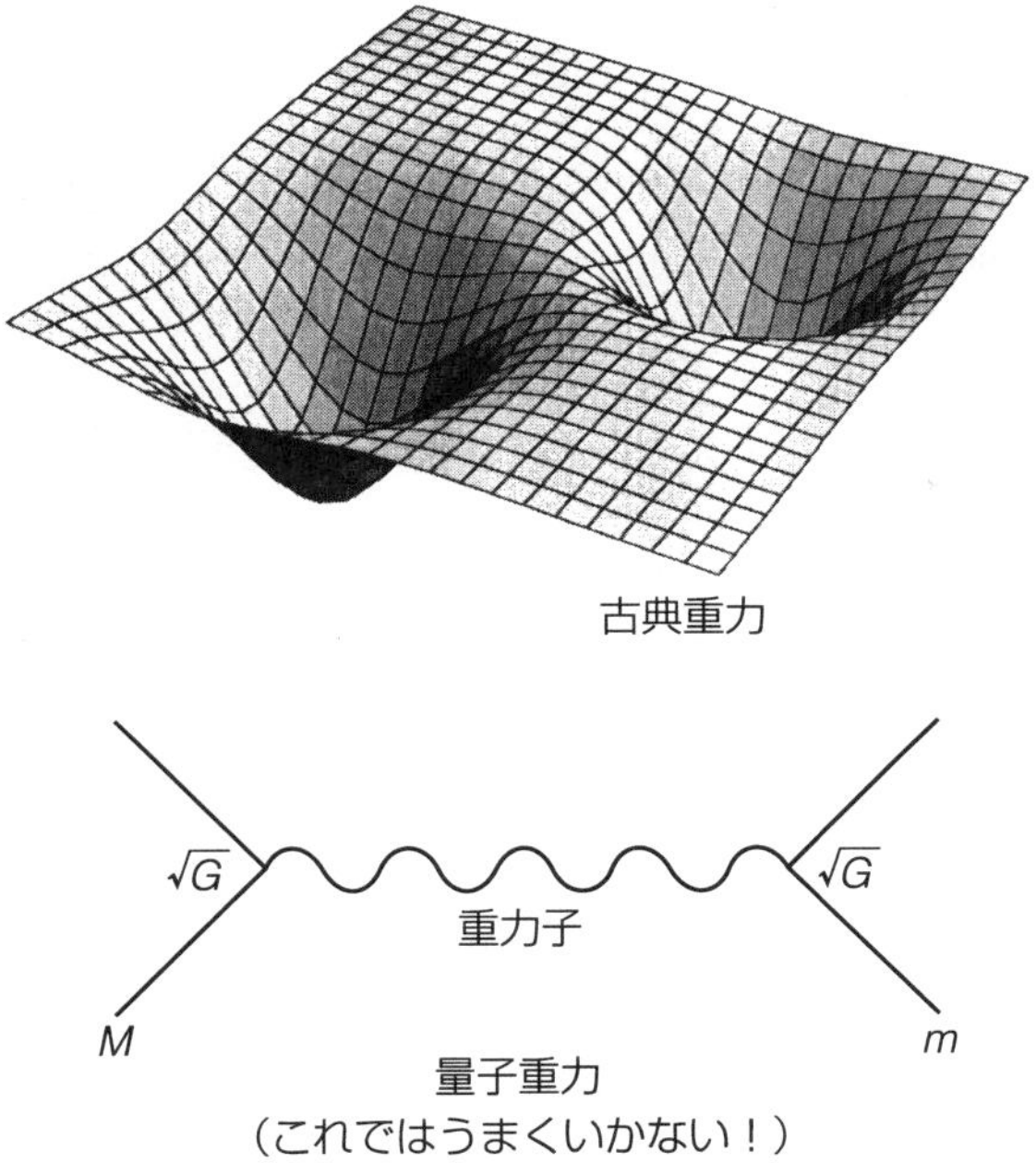

図６　古典重力も「力線」だが、量子重力は単なる「キャッチボール」ではない

なら、今の場合は時空がゴムシートのように曲がっているのが「重力」にあたるわけだが、それを「等高線」と考えれば、物体が辿る道筋は「力線」として描くことが可能だからだ。

　ニュートンの重力理論はアインシュタインの重力理論の近似としてでてくるので、やはり、この力線のイメージが通用する。

　さて、それでは、量子的な観点からは重力はどのように描かれるのだろうか？

電子の場合は光子のキャッチボールであった。ファインマン図が量子の世界をあらわすのであった。だとすると、重力の場合も、

電荷 ＋ 光子のキャッチボール ⟶ 質量 ＋ 重力子のキャッチボール

というふうなアナロジーが成り立つのだろうか？

実は、ファインマンさんもこのように考えて独自の量子重力理論を考えたし、その後登場した11次元の超重力理論でも、同じアイディアが踏襲されたが、残念ながら、計算の途中で無限大の量がでてきてしまって、うまくいかないことが判明した。

それでは、超ひも理論においては、このファインマン図がどのように変わるのか？（次節にでてきます）

「ひも」とはなんだろう？

お待たせいたしました。ちょっと準備が長くて申し訳なかったが、必要最低限の予備知識を駆け足で解説させてもらいました。

いよいよ本書の真打ち、超ひもの登場である。

とはいえ、超ひも理論の一般的なイメージは「超ムズカシイ」というもののようなので、まずは、そんな先入観を払拭することから始めるとしよう。

実際、超ひも理論の本を読んでアタマを抱えた経験のある人も多いはず。

私はベストセラーになった超ひも理論の一般書の書評に「わからない」とか「難解」とか、一種、あきらめにも似たムードばかりが漂っていたのを思い出す。

超ひも理論の難しさは、

「ようするに、ひもの実体はなんなのか？」

がわからないのが原因のように思われる。

宇宙がひもからできているという仮説はいいとして、ぶっちゃけた話、ひもってなんなのさ。

新手の素粒子なのか？　時空のピースなのか？　特殊なエネルギー状態なのか？　実は空間にはエーテルが充ちていて、その中にできる渦糸《うずいと》なのか？　それとも単なる「数学モデル」にすぎないのか？

わからん。

超ひも理論のレシピは、

超ひも理論　＝　量子論　＋　相対論　＋　超対称性　＋　ひも

である。

問題は、その料理がどんな盛りつけで、どんな味になったかである。

「超ひもはどんな味なのか？」

このような疑問に対する1つの答えは、

「味の根源」

という禅問答のようなものになるだろう。

それは甘くもなく、辛くもなく、苦くもなく、むしろ、味という概念の「始まり」とでも形容すべき何かなのだ。そこからすべてが始まる「根源」のようなもの。数学でいえば「定理」ではなく「公理」のようなもの（数学では公理から定理を証明しますよね？）。もちろん、それはエネルギーをもつ。そして、それは数学で記述される。

私が抱いている超ひものイメージは、次のようなものだ。

1 宇宙の公理のようなもの
2 エネルギーがひも状になったもの
3 生成・消滅して姿を変えるもの
4 10（11）次元に棲むもの
5 ちっちゃくて目に見えないのに重いもの

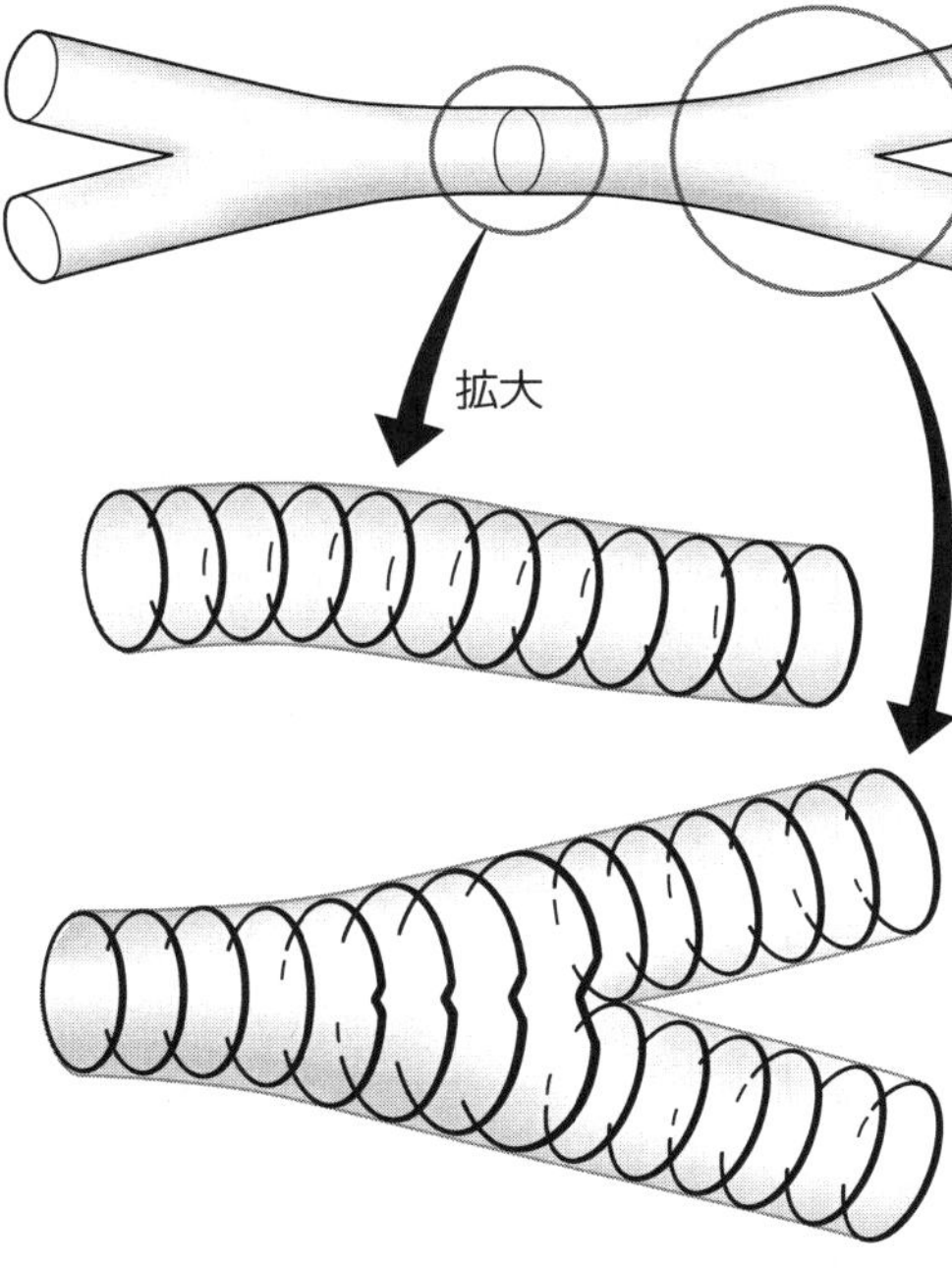

図7　太ったファインマン図

6　振動すると素粒子に見えるもの
7　重力子のようなもの
8　小さなブラックホールのようなもの

いかがだろう？

こうやって、超ひものさまざまな横顔を垣間見ることによって、少しずつその正体がわかってくるのではなかろうか。というより、超ひもは、ようするに、こういった百面相のようなとらえどころのない存在なのである。

前節で、ファインマン流の量子重力理論では、量子の観点からの生成と消滅を取り入れたファインマン図を描くことができたが、計算はうまくいかなかった、と述べた。超ひも理論になると、ファインマン図は、「太って」、こんな恰好になる（図7　太ったファインマン図）。点が「ひも」になり、線が面になるのである。

閉じたひもは「重力子」をあらわす。

この図を遠くから見ると、「筒」が「線」に近づいて、ふつうのファインマン図のように見えるであろう。

ひもの量子的な相互作用は発散しない。なぜかといえば、生成と消滅が「点」ではなく「線」で起きているからだ。

コラム なぜ「ひも」が必要だったのか

直感的かつ（なるべく）精確に説明してみよう。

たとえばニュートンの万有引力の法則を考えてみる。ふたつの質量mとMの距離rがどんどん短くなってゆくと力はどんどん大きくなってゆく。しまいにrがゼロになったら力は無限大になってしまう。

ニュートン力学では（大きさのない）質点という概念をつかうから、mとMの距離がゼロであってもかまわないはずである。だが、そうなると数学的には意味のない「無限大」が生じてしまう。

同様なことは電磁気のクーロンの法則でも起きる。

点をもとにした理論は、まさに点が大きさをもたないという理由によって、このような内部矛盾をはらんでいるのである。

この情況は量子論に移行すると話が複雑になるが、無限大の原因が「大きさのない点」であることに変わりはない。

距離とエネルギーが逆の概念であることを説明したが、もちろん、距離がゼロになればエネルギーは無限大になるのであり、点から始めた理論に無限大のエネルギーが生じるのは火を見るより明らかなのだ。

そこで誰でも思いつくのが「点がダメなら線にしてみよう」というアイディアであろう。

物理学をゼロ次元の点ではなく1次元の「ひも」から始めれば、そのひもの長さが「最小距離」になるので、相互作用の距離がゼロになることはなくなる。

アイディアは単純なのである。

だが、そういった変更をした結果、たとえば相対論と矛盾しないのか、あるいはきちんと量子化ができるのか、といったきわめて技術的な問題がたくさんでてきてしまった。そのため、1974年に日本の米谷民明および（独立に）カリフォルニア工科大学のジョン・シュワルツとジョエル・シャークが「ひも理論は重力理論である」と提唱してから、1984年にロンドン大学のマイケル・グリーンとジョン・シュワルツが「10次元の超ひも理論は無限大を回避できるし他の矛盾も生じない」という証明を行うまでに、10年という長い歳月を要したのである。

高エネルギー物理学の歴史は、「拡がりをもった素粒子」のアイディアの墓場だといっても過言ではない。日本の湯川秀樹博士率いる物理学者グループは活発に「素領域」の理論を研究したが、残念ながら、日の目を見ることはなかった。（ただし、体積が飛び飛びの値をもつという結果は、最近のループ量子重力理論から導かれているので、湯川博士のアイディアは正鵠《せいこく》を射ていたことになる）

素晴らしいアイディアも膨大な計算と実験によって検証されなければ、その価値を認められることはない。

点に拡がりをもたせて無限大を回避する研究は、大勢の物理学者が次々と挑戦しては夢破れた懸案だったのである。

ひもで原子核の計算をやろうとした人々（超ひも理論前史）

ひも理論が現代物理学において初めて脚光を浴びたのは、1960年代の原子核研究においてだった。

当時、原子核やそれに似た「ハドロン」と呼ばれる素粒子の記述に「ひも」を使うと有効なことがわかり、活発な研究が行われたのだ。ハドロン（hadron）とは、現代風にいえば、「クオー

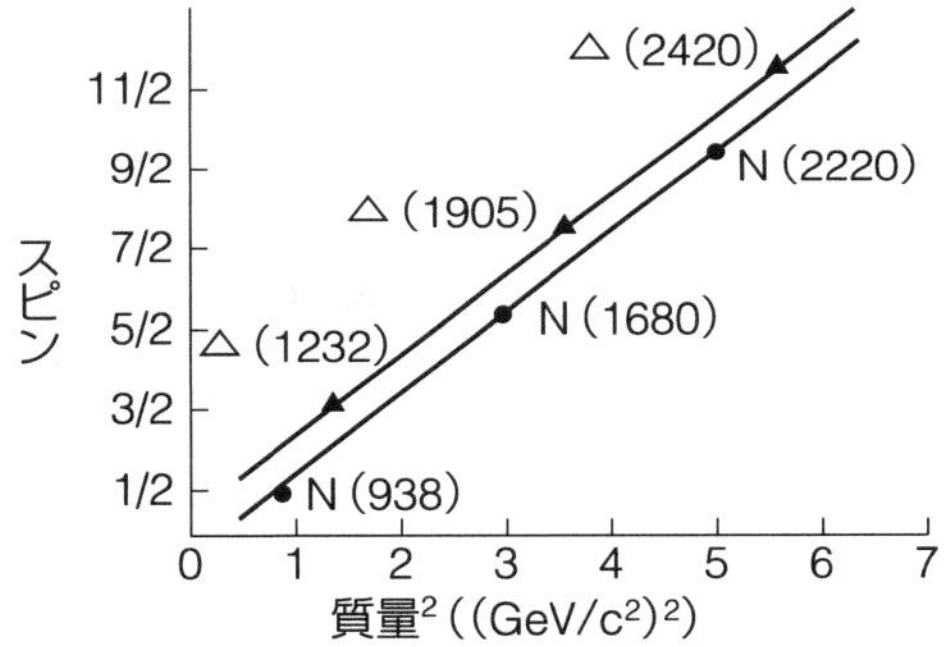

図8　レッジェ軌跡は「ひも」の性質をあらわす

クからできたもの」のことである（クオークについては75ページのコラムをご覧ください）。

なぜ、当時の人々は、ひものモデルを用いたのだろうか？

その理由は、ハドロンの「重さ」の2乗と「スピン」（＝素粒子の「回転」）をグラフにしてみたら、それが直線になったからである。面白いことに、そういった性質を示すモデルは「点」ではなく「ひも」だったのだ。ちなみに、ハドロンの重さの2乗とスピンのグラフの傾きは、ひもの張力に反比例する。（図8　レッジェ軌跡は「ひも」の性質をあらわす）

だから、当時の物理学者たちが「ハドロンのひもモデル」を模索した理由は、実験からきていたのだ。

ちなみに、ひも理論の黎明期《れいめいき》にひも理論を提唱したのは、日本の南部陽一郎と後藤鉄男であった。

1964年にマレイ・ゲルマンが、「ハドロンはクオークからできている」

という有名なクオーク仮説を提唱した。そして、1970年代に入り、グルーオンがクオークを糊づけしている、という量子色力学が時代の趨勢となり、ひもモデルは衰退の憂き目を見た。物理学の世界にも流行り廃りがあるわけだ。

今から考えてみると、ひもモデルは、クオークの閉じ込めをうまく説明できた。クオークは単体では分離できず、常に3つとか2つ（クオークと反クオーク）でしか実験にかからない。その理由は、ひもモデルを使うならば、ひもの両端にクオークがくっついているとして、

「クオークを引き離そうとするとひもが伸びる。すると、ひもの張力によって元の位置に引き戻されてしまう」

という具合に説明できるからだ。

とても巧い説明のように思われるが、残念ながら、ひもモデルは、クオーク同士の距離が近い場合の計算において、量子色力学にかなわなかった。

また、奇妙なことに「ひも」の性質をいろいろ研究してみると、重さゼロの状態がたくさんでてきてしまう。だが、現実世界には重さゼロのハドロンは存在しない！

そういったさまざまな困難のせいで、ハドロンのひもモデルは、次第に研究者を惹き付けなくなり、「うまくいかなかったアイディア」というレッテルを貼られ、ついには、理論物理学の墓場へと葬り去られたのである。

コラム　ペンタクオークの発見は世界を驚かせた

ハドロンには2種類ある。

ハドロン　1　バリオン（＝クオーク3つ以上）……陽子、中性子、ペンタクオークなど
　　　　　2　メゾン（＝クオーク2つ）……π中間子など

バリオンは「重い粒子」という意味で、現代風にいえば「クオーク3つ」のことである。このほかに湯川秀樹博士が日本人初のノーベル賞を受賞した中間子理論の「中間子」（メゾン）もある。こちらはクオークと反クオークだが、まあ、クオーク2個の組み合わせと考えていただいてかまわない。中間というのは重さが中間ということ。

ところが、2003年の7月に、大阪大学の中野貴志教授らのグループにより「エキゾチック」なバリオンなるものが発見されたのである。それはペンタクオークと呼ばれ、クオークが5つくっついたものだ（「ペンタ」は「5」という意味）。以前から理論的に予言されていたが、その存在は懐疑的だった。素粒子物理学と宇宙論は、日本国内では注目を浴びることが少ないが、世界と伍して闘うこ

とのできる数少ないお家芸なのである。

(超)ひも(理論)がたくさん?

1970年代半ばから1980年代半ばにかけては、ひも理論にとっては雌伏の時であった。原子核の記述には使えない、ということになって、急激に研究者が減ってしまったのである。超ひも理論の第一次革命の立役者であるカリフォルニア工科大学のジョン・シュワルツは、当時の情況について、こんなふうに回想している。

1974年にジョエル・シャークと私は、ひも理論をハドロンの理論としてではなく、基本的な力と素粒子の「統一理論」というアインシュタインの夢を実現するための枠組みとして使うことにより、「災い転じて福となす」という方向にもってゆくことができるのではないかと提案した。(中略)私はこのようなアイディアがとてもエキサイティングだと思って追究しつづけた。だが、1974年から1984年の10年間は、私のほかには、数えるほどの同僚しか研究をしていなかった。その中の一人がジョエル・シャークだった。悲劇的なことに、彼は1980年に他界した。(シュワルツのホームページより、竹内訳)

周囲から理解されずに研究を続けていた孤高の物理学者たちの情況が手にとるようにわかる文

章だ。

ところが、この情況は1984年から1985年にかけて急変した。

量子論では「起こりうる全てのことがら（＝確率）を足すと100パーセントになる」というあたりまえのことが成り立たないといけない。ところが、超ひも理論がその要請を充たすかどうか、必ずしも明らかでなかったのだ。

1984年にジョン・シュワルツと現ケンブリッジ大学のマイケル・グリーンは、超ひもの量子論の非常に複雑な計算をやってみせて、超ひも理論が実際に整合的であることを証明した。これが決定打となり、突如として、超ひも理論は物理学の花形の地位に躍り出たのだ。

1984年から1994年あたりまでのオーソドックスな超ひも理論の概要をわかりやすくまとめておこう。

1　ひもには26次元の「ボソンひも」と10次元の「超ひも」がある
2　ひもの形状には「開いた」ものと「閉じた」ものがある
3　閉じたひもは「重力子」をあらわす
4　超ひもの状態は、重さゼロから始まって、無限にたくさんの励起状態がある
5　超ひもの結合定数gが小さい状態しか計算ができない
6　超ひも理論は5種類ある

解説が必要だろう。

まず、ボソンひもの26次元と超ひもの10次元だが、「臨界次元」と呼ばれている。これ以外の次元では相対論との整合性が保たれないのである。理論の要請として次元が決まるというのは、ある意味、驚くべきことだ。これまでの物理学理論は、あらかじめ時空の次元を与えるのであり、理論から次元が決まるということがなかったからである。

だから、10次元でしか整合的でない、という超ひも理論の制限は、考えようによっては利点だともいえる（理論に予測力があるという意味で！）。ただし、現実に観測されている時空の次元数は4なのだから、なんらかの方法で10次元から4次元にまで落としてやる必要がある。

なお、ボソンひものほうは、26次元では相対論と矛盾しないものの、タキオンという虚数の重さの状態がでてきてしまって、真空が不安定になるので、現実とは合わない数学モデルだと考えられた。

次にひもの形状だが、閉じたひもと開いたひもの2種類がある。

開いたひも同士がぶつかって1つの開いたひもになる「確率」のような数をgであらわす。これは相互作用の強さといってもよく、gは「ひもの結合定数」と呼ばれている。これは電磁場の場合の「電荷」にあたる。

閉じたひもの場合、（開いたひもがふたつで閉じたひもになることからわかるように）結合定

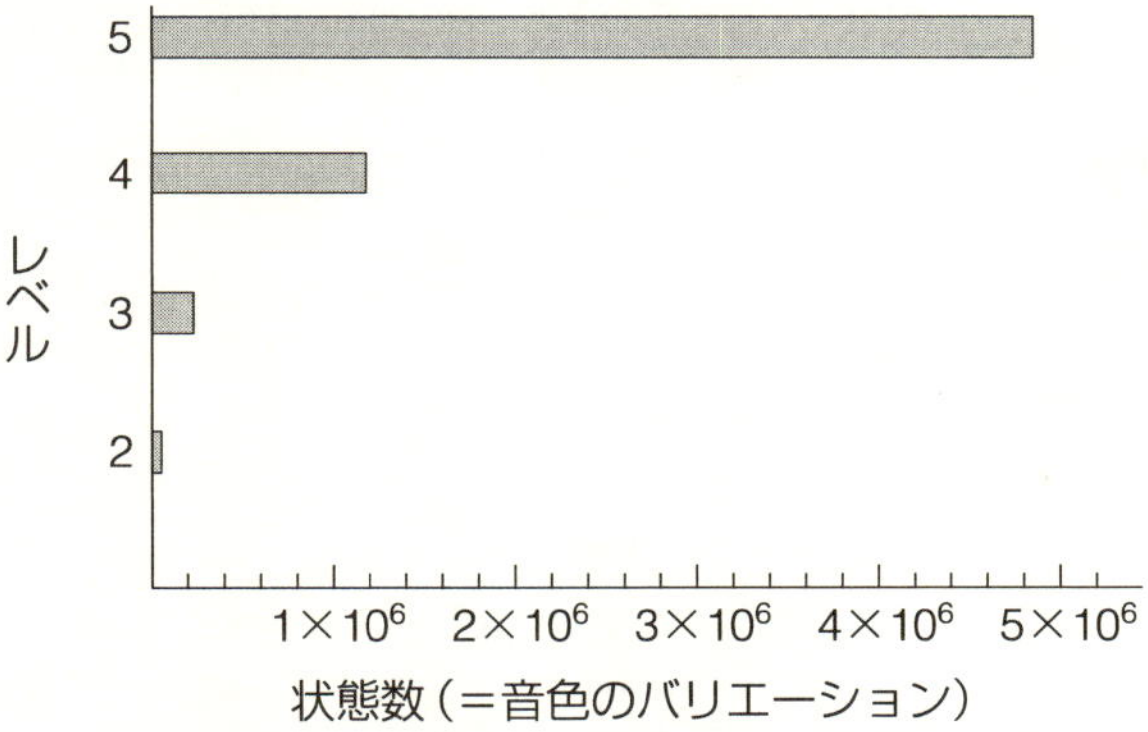

図9　超ひもの状態は指数関数的に増える

数はgの2乗である。

閉じたひもは「重力子」をあらわし、これが「超ひも理論は重力理論である」ということの根拠になっている。

超ひもの励起状態には、2つの特徴がある。

1　いくらでも重いひもが存在する（無限の「塔」）

2　重くなると状態の数は指数関数的に増大する

これをひもの質量スペクトルという。

重さゼロの次が、ほぼプランク重さであり、その上は、いくらでも重い状態が存在する。また、重い状態の数が指数関数的に増えるのも特徴である。（図9　超ひもの状態は指数関数的に増える）

ひもの重さは「振動エネルギー」そのものなので、これは、要するに、ひもは、いろいろなパターンで、どんなに激しくも振動できる、ということだ。

	ⅡB	ⅡA	HE	HO	Ⅰ
ひもの種類	閉	閉	閉	閉	開＋閉
対称性	なし	なし	E8×E8	SO (32)	SO (32)
Dブレーン	−1,1,3,5,7	0,2,4,6,8	なし	なし	1,5,9

図10　5種類の超ひも理論

・タイプⅠだけ、開いたひもと閉じたひもが混在する
・ここでいう対称性は超ひもの内部対称性（＝ゲージ対称性）のこと（45ページのコラムをご覧ください）
・Dブレーンの種類は「空間の次元数」を意味する（53ページをご覧ください）

弦楽器の弦とのアナロジーでいうならば、弦の振動パターンがいろいろあって、いくらでも高い音が出る、ということである。

弦楽器の弦とのアナロジー　弦の振動エネルギー＝超ひもの重さ、倍音による音の音色＝超ひもの状態、

ひものN番目の励起状態の特徴は、次のようにまとめることができる。

N番目の励起状態　重さはプランク重さの$\sqrt{N}$倍である
状態の数はだいたい

この事実は、1990年代に入って超ひも理論を用いてブラックホールの（エントロピーの）計算をするときに重要な役割を演ずることになる。

おおまかにいって、1994年以前は、結合定数gが小さいときの情況しか判明していなかった。gが強くなったら超ひも理論がどうなるのか、当時は、誰にもわからなかったのである。

超ひも理論は全部で5種類存在する。開いたひもと閉じたひものタイプIと、閉じたひものタイプIIAおよびIIBがあり、ヘテロひもにも2種類ある。ヘテロひものSO(32)とかE8×E8というのは、対称性の名前であり、それぞれ、HOおよびHEと略記される。（図10　5種類の超ひも）

コラム　ひもの種類と対称性

ひもの種類

ひもには「ボソンひも」と「フェルミオンひも」がある。

「ボソン（ボース粒子）」というのは「力」を伝える素粒子の仲間で、物理学でわれわれに身近な例では光子《こうし》や重力である。ボソンの反対語は「フェルミオン（フェルミ粒子）」。こちらは「物質」の素《もと》になっている素粒子の仲間で、電子やクオークや（クオーク3つからなる）陽子などが例である。
人間界に男女という大分類があるように、宇宙をつくっている素粒子にもボソンとフェルミオンという大分類があるわけだ（ボソンはボース、フェルミオンはフェルミという物理学者の名前からきている）。
通常の素粒子の場合、ボソンとフェルミオンはバラバラに存在できるが、ひもの場合、理論の整合性がきつい条件となって、ボソンとフェルミオンが「ペア」になっていないと物理的に意味がないと考えられ、そのペアを記述する数学を「超対称性」と呼ぶ。（「超対称性」については巻末の補足をご覧ください）
その他、さまざまな整合性を考慮すると、

ポイント

1　超ひも＝ボソンひも＋フェルミオンひも（ペア）

2　ヘテロひも＝ボソンひも＋超ひも

という組み合わせの場合だけ、物理的に意味がある理論になる。

「ヘテロ」は「異質」という意味で、超ひもにボソンひもという異質な成分が混じっていることから、こう呼ばれる。

ひも理論の文献では、ボソンひも単独で論じられることもあるが、それは、現実的なモデルというよりは、超ひも理論を説明する「前座」として使われていることが多い。

また、言葉の問題であるが、通常は超ひもとヘテロひもをいっしょにして「超ひも」と呼んでいる。

対称性

「超ひも理論が5種類ある」と書いたが、その5種類というのは、「対称性」をもとにした分類だ。超ひも理論の対称性には、SO（32）とかE8という記号がでてくる。SO（32）の雛形としてはSO（3）がわかりやすいので、例として説明しよう。

SOは英語の「スペシャル・オーソゴナル（special orthogonal）」の略で、日本語では「特殊直交」で、3は「3次元」。なにやら意味不明だが、一言でいえば「3次元のあらゆる回転」ということである。

3次元の回転は、数学的には3行3列の行列で表すことができて、それを数学の言葉では「行列式1の直交行列」と呼ぶので、SO（3）などという記号が登場する。

ある物理系がSO（3）対称性をもつというのは、早い話が、その物理系を3次元空間内でどう回転しても、実験・観察結果は変わらない、という意味だ。x軸の廻りに角度0・1度回転して、y軸の廻りに30度回転して……どんな角度でもかまわない。

SO（32）やE8は、この3次元の回転対称性を一般化したものにすぎない。（なお、あとで出てくる「ムーンシャイン予想」の対称性は、回転角度が120度、240度、180度という具合にデジタルになっていて、対称性の数が整数になっている。それに対して、SO（32）やE8は、回転角度がどんなに微小でもかまわない）

コラム

状態の数とエントロピーの関係

ここらへん、実は、数式を使わないと非常に苦しいところだ。少し数式があったほうがわかるゾ、という方のために最小限の解説をしておこう。

まず、一般論として、系がとることのできる可能な状態の数がnだとすると、（実際には、系は、そのうちの1つに落ち着くわけだが）、エントロピーSは、

$$S = \log n$$

で定義される。（係数は無視した）

これは、たとえば、位置が比較的固定されている固体と位置の可能性がたくさんある気体とでは、気体のほうが圧倒的にnが大きいことからも直感しやすいだろう。

$\log$は対数関数だが、

「なぜ対数なのか？」

という問いに関しては、

「桁数を見るための道具」

と答えることができる。

系の「乱雑さ」はnによってあらわされるが、それは10、100、10000、10の23乗……という具合に膨大になることが多い（分子のとりうる位置を数えるのだからあたりまえかもしれない）。そこで、その乱雑さが「何桁か？」というのを「エントロピー」と定義するのである。そして、対数関数というのは、まさに「桁を見るための関数」なのだ。

次に、超ひもの状態だが、まさに可能な振動パターンを数えることにあたる。それは楽器のアナロジーでいえば「音色」の数に相当する。

たとえばウチにあるピアノとギターで440ヘルツの「ラ」を鳴らしてみる。誰でもピアノのラとギターのラがちがうことがわかるはずだ。その理由は、純粋な440ヘルツのラだけではなく、440ヘルツの倍の振動数や3倍の振動数の音も（弱いけれども）含まれているからだ。それどころか、原理的には、無限に高い振動数まで含まれることになる。そういったさまざまな倍音の混ざり具合が「音色」として耳に響くのである。

ポイント　弦の振動にはたくさんの倍音が含まれているので豊かな音色になる

さて、相対論では、質量はエネルギーと同じである。（巻末の「補足1」をご覧ください！）

また、量子論では、エネルギーは振動数に相当し、そのエネルギーは飛び飛びの値をもつことになる。だから、弦の量子論であり相対論である「超ひも理論」においては、

ひもの重さ ＝ 飛び飛びの振動数

ということになるのである。

量子論によって飛び飛びのエネルギーをもつようになった振動のことを「振動子」と呼ぶ。量子的な振動子も混ざり合うことが可能だが、古典的な弦とちがって、「440ヘルツの振動に880ヘルツの倍音が少し混ざっている」というような中途半端なミックスは許されない。

量子的な振動子は1個、2個……という具合にデジタルな個数でしかミックスできないのだ。そのミックスの具体例を上げてみよう。

たとえば、880ヘルツに相当する「重さ」のひもをつくろうとすれば、880ヘルツの振動子が1つというパターンのほかに、440ヘルツの振動子が2つというパターンもある。（足したら880になればいいのだから！）

880×1個
440×2個

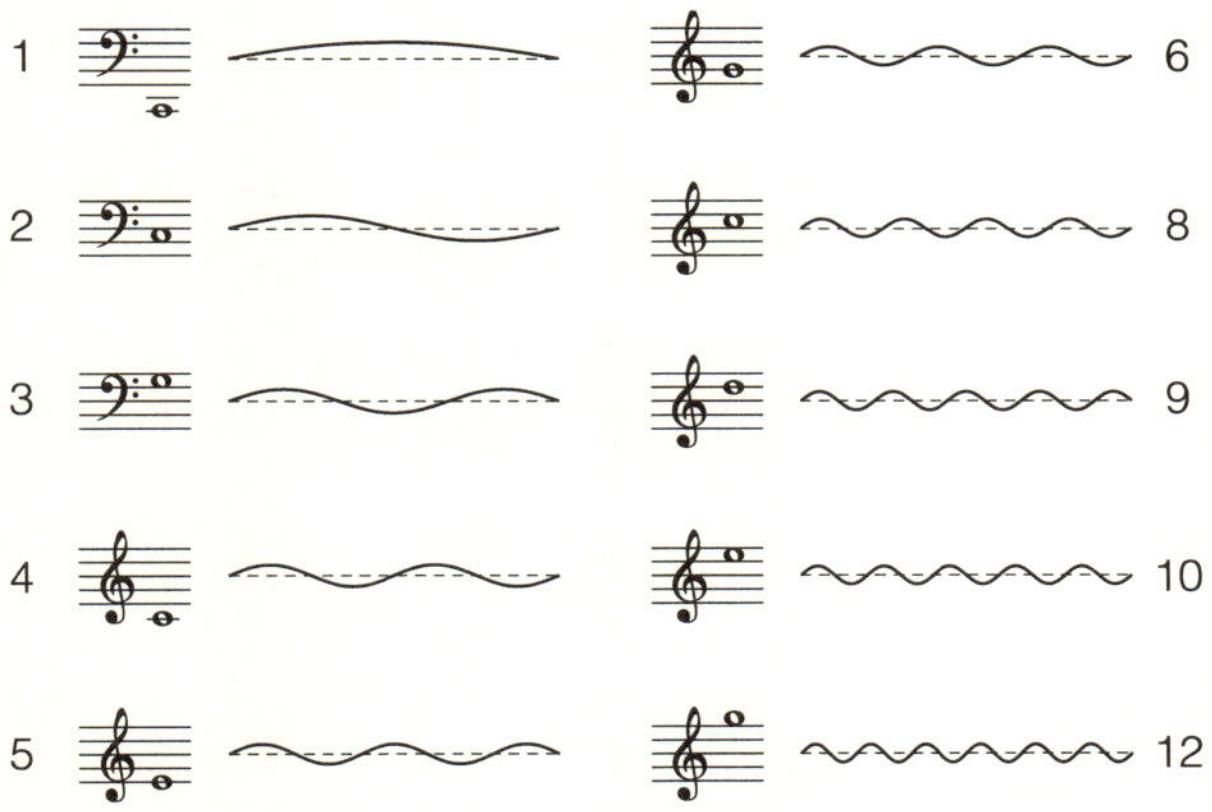

図11　1本の弦は無限個の倍音をもつ

あるいは、1320ヘルツに相当する重さのひもをつくろうとすれば、

1320×1個

880×1個＋440×1個

440×3個

という3つの状態がありうる。

実は、超ひも理論の場合は、さらに、弦の振動方向のちがいも状態のちがいとして勘定しないといけない。弦が振動する空間方向は9つあるのだから、振動状態の数は、何十倍、何百倍にもなるであろう。

実際、超ひもの状態数は、重さの低い順に、

レベル1　1

レベル2　128

レベル3　2304

レベル4　15360

⋮

レベルN　約$\sqrt{N}$桁

と指数関数的に増えてゆくのである。だから、レベルNのエントロピーは、その桁数をとって$\sqrt{N}$くらいになる。(あとでブラックホールの状態を数えるときに必要になる)

ちなみに、日本語でも、美しいハーモニーなどというけれど、倍音(＝高調波)のことを英語で「ハーモニクス」(harmonics)という。

ポイント　超ひもの状態が指数関数的に増えるのは、超ひもの音色がとても豊かだから

宇宙は、まさに、超ひもが奏でるハーモニーの世界なのだ。(図11　1本の弦は無限個の倍音をもつ)

「Dブレーン」とはなんだろう?

Dブレーンは超ひもの相棒のような存在だ。

第3章にでてくるが、1994年以降の超ひも理論ルネサンスの主役がDブレーンである。だが、実は、ルネサンスよりも前に発見されていた。ただ、みな、薄々、その存在に気づいてはいたものの、Dブレーンが端役でも脇役でもなく超ひも理論の「主役」であることを発見したのはカリフォルニア大学サンタバーバラ校教授のジョゼフ・ポルチンスキーだった。

Dブレーンの実質的な発見者であるポルチンスキーはDブレーンを次のように描写している。

ひも理論では、通常、ひもは自由に動き回る。だが、一部のひも理論は局所的な物体があることを予測する。結晶の欠陥のようなものである。そこでは、ひもが切れて開いて端っこがくっついてしまう。これがDブレーン、ディリクレ・メンブレーンの略である（Dはディリクレ境界条件のD）。それは図のように点（D0ブレーン）であったり、曲線（D1ブレーン）であったり、膜（D2ブレーン）であったりする。それはダイナミックな物体で、動いたり曲がったりする。（「プランク長さにおける量子重力理論」ポルチンスキー、竹内訳）（図12　これがDブレーンの姿だ）

なんだろう、これ。

「ひも」といわれると空間内を自由に飛び回っているちっちゃな物体のようなイメージがあるが、どうやら、空間には（結晶の欠陥のような）割れ目があって、ひもの端っこは、その割れ目に「くっついている」らしい。

割れ目といったが、壁のイメージでもかまわない。

ひもの端っこが壁にくっついているから「境界条件」ということになる。ひもを中心に考えて

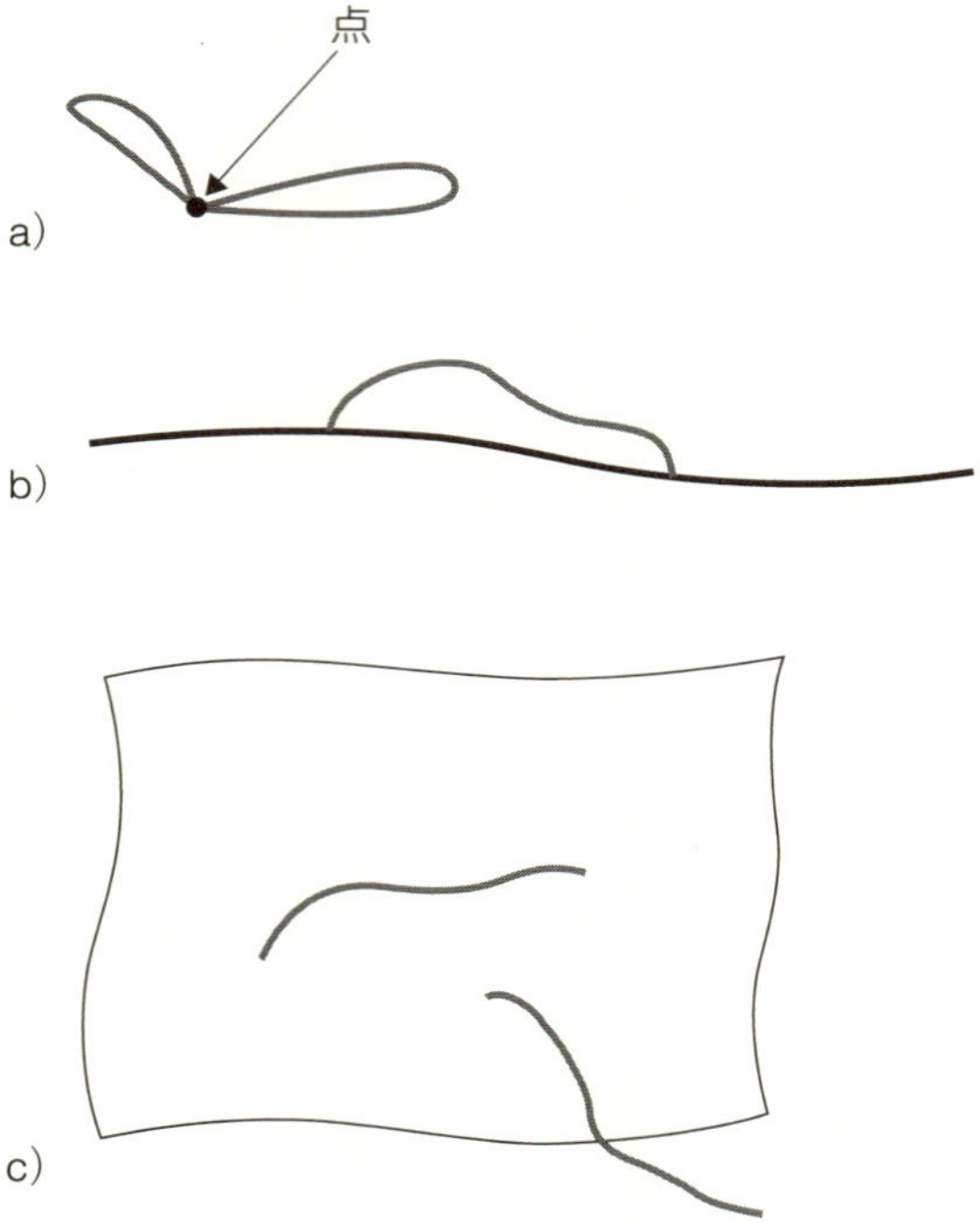

図12　これがDブレーンの姿だ

a) 真ん中の「点」がD0ブレーンで、2本の閉じたひもがくっついている
b) 左右に伸びているのがD1ブレーンで、1本の開いたひもがくっついている
c) 面がD2ブレーンで、2本の開いたひもがくっついている（1本は両端がD2ブレーン上にあり、もう1本は一端だけがD2ブレーン上にある）

いれば、それは単なる境界条件にすぎないが、いつのまにか、その境界条件のほうがひもを押しのけて主役の座に躍り出たのだ。

ブレーンは「membrane」（＝膜、面）からきている。「面ブレーン」などというと日本語ではギャグになってしまうが、「ブレーン＝面」と憶えておくといいだろう。

だが、超ひも理論に登場するブレーンは単なる2次元の面ではない。次元の低い1次元の線や0次元の点も一般化されたブレーンと考えるのである。また次元の高いブレーンも存在する。超ひもは10次元の時空に棲んでいるので、9次元の9ブレーンも存在する。

一般に「Dpブレーン」と書いて、pの部分には「空間の次元数」が入る。

注意していただきたい。言葉の問題だが、pは「空間」の次元なのだ。だから、D10ブレーンというのはない。なぜなら、10次元時空は9次元の空間と1次元の時間からなるからだ。pの最高数は9である。

だが、驚いたことにD−1ブレーンというのは存在する。うん？　空間の次元数がマイナス1とはこれいかに？

ええと、これは、もともとの「境界条件」という意味に立ち返って考えると理解できる。

pは、要するに「ひもの端っこが自由に動き回れる方向」のことなのである。ひもの端っこが「くっついている」といったが、実は、「そこから離れなければいい」という意味だったのである。だから、たとえばD2ブレーンの場合、ひもの端っこは2次元の面上にあればよく、まるでスケートのように面の上をスイスイ滑っていってもかまわない。

だとすると、D1ブレーンは、ひもの端っこが線の上を滑る状態であり、D0ブレーンは、ひもの端っこが点に固定されている情況ということになる。だが、このD0ブレーンの場合でも、実は、ひもは滑ることができる。いったいどこを？

たしかに空間においては点に固定されてしまったから動くことはできないが、まだ時間の方向が残っている。だから、D0ブレーンは、時間的に変化することが可能なのだ。

そこで、D−1ブレーンというのは、D0ブレーンよりもさらに境界（＝動ける範囲）を狭めて、時間方向も固定してしまった状態ということになる。

こんがらがってしまったかもしれないが、とりあえず、

ポイント　Dpブレーンのpは動ける（空間の）次元数

ということだけ確認しておこう。

さて、とにかく（極力）数学を使わないで超ひも理論の「イメージ」を醸成してもらうのが本書の目的なので、実際にブレーンを研究している物理学者たちのイメージを見てみることにしよう。

以下、超ひも理論の学会に出席したニーナ・イリエヴァ＝ダグラスのインタヴューからの抜粋

引用である。

問い　子供がDブレーンの上を歩くにはどうしたらいいでしょうか？

答え

ポール・タウンゼンド（ケンブリッジ大学）

「そうだね、おそらく水の上を歩く情況を思い浮かべればいいだろう。海を見てごらん。そこには3次元空間と2次元の海面がある。そこには波がある。水の上を歩き始めたら自分の周囲に波紋が拡がるだろう。ちょうどトランポリンの上を歩くような感じだ。

2枚のDブレーンがあると、そのあいだには何本ものひもが伸びている。ちょうど2本の木のあいだにハンモックが吊るしてあるようにね。このたくさんのひもは、水の波紋のように、ゆらぎを意味する。2本の木にあたる2枚のD1ブレーンには張力もある。放っておくと潰れてしまうから、潰れないように引っ張っておかないといけないんだ」

エミール・マルティネク（エンリコ・フェルミ研究所、シカゴ大学）

「子供らは面に沿って足の裏を滑らせないといけない。吸引力があるから足を面から離して歩くことはできないんだ。Dブレーンの表面は油みたいなネバネバしたもので覆われている。子供たちは手を動かすことができるけれど足には磁石が付いているように感じるだろう。Dブレーンはいたるところに吸盤のある巨大なタコみたいなものだ」

ファン・マルダシーナ（プリンストン大学）

「子供たちが1枚のDブレーンの上に飛び乗ったら、はね戻されるかもしれないね。でもDブレーンがたくさん積み重なった状態を外から見ると、まるでブラックホールみたいに見えるのさ」

マイケル・グリーン（ケンブリッジ大学）

「Dブレーンというのは、なんとも暑苦しいものでして……物凄く熱くてやけにネバネバしております。子供たちの足は振動するひものネバネバしたスライムに包まれるでしょう。なかにはかなり長いひももあって、こんがらがっていて、彼らの廻りをビュンビュン通り過ぎてゆき、恐ろしい悪鬼のごとく彼らをクモの巣に閉じ込めてしまうでしょう。とても怖い体験です。どこへ向かって歩いているのかわからず、あちこちに閃光が見られるはずです。なにしろ、ひもは光を発しますから。

ひもの多くは両端がブレーン上にありますが、なかには、片方の端がブレーンから離れて自由に動き回っているものもあります。まるで地面から巨大なミミズが顔を出して揺れ動いているようですね。ときたま、くねくねとのたうち回る開いたひもから閉じたひも（＝輪っか）が切り離されて、空間へ飛び去ります。子供たちが上を見上げれば、はるか上空に、このような閉じたひもがたくさん飛んでいるのを目撃するでしょう。切り離されつつある輪っかにつかまって空を飛んで別のDブレーンに着地することも可能です」

エリック・フェアリンデ（ヨーロッパ合同原子核研究機関、ユトレヒト大学）

「Dブレーンにはある種の縄がついている。ひもなんだけど。ひもはヒョイと上がってきたかと思うと消えてしまう。

Dブレーンは熱いから赤っぽく見える。でも、もっと熱いのがあって、そういうのはオレンジや黄色や青く見えるんだ」

うーん、Dブレーンのイメージも人それぞれという感じだが、それなりに共通点もあるような気がする。ポイントをまとめておこう。

1　Dブレーンは（結晶の欠陥のように）空間の欠陥と見なすことができる
2　Dブレーンの表面は氷のようでもあり海面のようでもありネバネバしてもいる
3　Dブレーンからはひもが生え出たり消えたりしている
4　ひもはDブレーンの上をスケートのように滑り回っている

5　ひもとひもが衝突すると輪っかになってちぎれて飛んでゆく（逆もあり）
6　Dブレーンは熱い
7　Dブレーンが積み重なるとブラックホールになる

こんな感じだろうか。

ちなみに超ひも理論に登場するブレーンはDブレーンだけではない。Dブレーンは、なにやら有機的で柔らかいイメージだが、このほかにふつうのpブレーンも存在する（やはりpの部分には次元の数が入る）。pブレーンは、Dブレーンと比べて堅くて表面もツルツルである。pブレーンの表面からはひもが生えていない。

超ひも理論だからひもだけ考えていればよかったのは古きよき1980年代のこと。今ではさまざまな親戚たちが登場してきて、超ひも理論の世界は、それはそれは賑やかになっている。

そもそも、なぜ超ひも理論が必要なのか

なぜ超ひも理論は必要なのだろう？

たとえば火星に探査船を飛ばすときに使うのはニュートン力学であって、超ひも理論なんて必要ない。現在、地球上で生産が行われている工業製品やインターネットでの情報のやりとりにも超ひも理論は登場しない。

そんな事情を反映してか、物理学者の中にも、

「超ひも理論など幻想にすぎない」

と言い切る人までいる始末だ。

超ひも理論は本当に必要なのだろうか？

結論からいうと、

「重力を量子力学で扱うためには必要だが、超ひも理論が唯一の方法かどうかはわかっていない」

というのが実情だ。

となると、当然のことながら、

「なぜ、重力を量子力学で扱う必要があるのか？　今のままでいいではないか？」

という質問がでるにちがいない。

そこで、ざっと現代物理学のポイントをご紹介して、本当に超ひも理論が必要かどうか、読者自ら判断していただこうかと思う。

ポイント１　現代物理学の基礎理論は「相対論」と「量子論」だ

ニュートン力学でロケットを飛ばすとはいえ、速度が速くなったら相対論のほうが精度の高い

理論であり、また、ミクロの領域や非常に低温の状態を扱うには量子論が必要になる。実際、ニュートン力学は、相対論の近似理論であり、また、量子論の近似理論でもある。

速い世界は相対論、小さい世界は量子論が担当する。

それでは、素粒子の世界のように、速くて小さい世界の計算をするにはどうしたらよいのだろう？

そのような領域では、相対論も使わなくてはいけないし、量子論も使わなくてはいけない。両方同時に使うことなどできるのだろうか？

ポイント2　相対論的量子力学は存在する

相対論が効いてきて、なおかつ量子論も効いてくるような共通領域を計算する理論は立派に存在する。そのような理論は「相対論的量子力学」と呼ばれている。1928年に発表されたディラック方程式が、この共通領域の理論における金字塔といえる。

さて、実は、アインシュタインの相対性理論には2種類ある。特殊相対論と一般相対論である。特殊相対論と一般相対論は、扱うことができる領域がちがっている。その名のごとく、一般相対論のほうが、より一般的に広く用いることができる。なかでも、重力理論は、特殊相対論ではダメで、一般相対論を用いなくてはならない。

混乱を避けるために、この本では、特殊・一般という使い分けはせずに、

特殊相対性理論　＝「相対性理論」
一般相対性理論　＝「重力理論」

という言葉遣いを採用している。また、省略して「相対論」や「量子論」という言葉遣いもするのでご注意ください。

さて、ここで疑問がでてくる。

はたして、量子力学と重力理論の共通領域を扱うことができる理論は存在するのだろうか？ いいかえると、量子重力理論は完成しているのだろうか？

ポイント3　量子重力理論は未完成である

そう、残念ながら、重力理論を量子力学的に扱う理論は完成していないのである。

アインシュタインの重力理論は、太陽とか銀河というように天文学的な大きさのレベルで効果がでてくる理論だ。一方、量子力学は、原子とか素粒子といった超ミクロのレベルで効いてくる理論だ。だから、一見、このふたつの共通領域など存在しないように思われる。

だが、たとえば、大昔、宇宙が物凄く小さかった頃まで時間をさかのぼれば、当然のことながら、宇宙全体の計算を行う重力理論といえども、ミクロの大きさの量子力学的な効果を無視できなくなる。だから、宇宙の始まりの頃までも通用するような理論を構築しようと思えば、どうしても、量子重力理論を完成させなくてはならない。

そこで、超ひも理論が、量子重力理論とどのような関係にあるのかが問題になる。

結論からいうと、超ひも理論は、今のところ量子重力理論の最有力候補の地位にある。

ポイント4　超ひも理論は量子重力理論の最有力候補だ

ただし、超ひも理論が量子重力理論の唯一の候補ではない。（他の候補については第3章の「超ひも理論vs.ループ量子重力理論」をご覧ください）

話が少々複雑になってしまったが、まとめると、

「現代物理学の2大基礎理論は量子力学と相対性理論である。この2つを一緒にした理論は完成している。だが、（相対性理論を一般化した）重力理論は量子力学と一緒になっていない。それを一緒にするのが超ひも理論だと考えられている」

ということになる。

超ひも理論は4つの力も統一しないといけない

超ひも理論には、量子論と重力理論の統一とは別に、現存する素粒子を「超ひもの振動状態」として説明する仕事も期待されている。

つまり、量子論や重力理論という「基礎理論」の統一のほかに、素粒子の分類学のようなこともやらないといけないのである。

同じ「統一」という言葉を使うので紛らわしい。

実際、科学ニュースを聞いていると、やたらと「統一」という言葉が登場する。やれ、「アインシュタインの統一場理論」だとか「電弱統一理論」だとか「大統一」だとか……そして、しまいには、統一を超えたところにある「究極理論」とか「万物の理論」だとか……。

このような言葉の洪水は、物理や数学に近いところにいる人間にとっては、あたりまえかもしれないが、一般読者にとっては、それこそ「国際連盟」と「国際連合」のちがいよりも曖昧模糊としているのではなかろうか。

このような言葉をきちんと整理するには、まず、自然界に存在すると考えられている「4つの力」を列挙する必要がある。

4つの力

1　強い力
2　電磁力

3　弱い力
4　重力

力の強い順に並べてみました。

まず、宇宙で一番「強い力」(strong force) は、原子核をつくっている陽子や中性子を「糊づけしている力」のこと。陽子や中性子はクオークと呼ばれる素粒子からできている。そのクオーク同士の間にはたらく力のことである。

次の「電磁力」(electromagnetic force) は、われわれにとって、とても身近な存在だろう。同じ符号の電荷が反発して、異なる符号の電荷が引きつけ合うことは誰でも知っているし、磁石の廻りに砂鉄を撒いて、磁力線を観察した憶えがある人も多いだろう。

「弱い力」(weak force) は、たとえば中性子が陽子と電子とニュートリノという素粒子に「崩壊」するときに働く力である。ニュートリノは日本語では中性微子と書く。ニュートリノ物理学は日本のお家芸である。神岡鉱山の地下にある水槽型の観測装置スーパーカミオカンデにおいて、

「ニュートリノには重さがある」

という観測がなされたために、2002年度のノーベル物理学賞が東京大学名誉教授の小柴昌俊先生に授与されたのも記憶に新しい。弱い力は、ニュートリノと深く関係する力なのだ。

最後の重力は（意外なことに）宇宙に存在する力のなかでは最も弱い。本書は、もともと重力が1つのテーマなので、これについては、あとで補足いたします。

さて、以上の力を量子力学で記述するとどうなるだろう？

すでに登場したが、量子力学では「力」は素粒子のキャッチボールという描像で理解される。

イメージとしては、まさに日常生活におけるキャッチボールなのである。とはいえ、もっと鮮明に実感していただくために、できれば、こんな情況を思い浮かべてみてください。

「何もない宇宙空間で太郎と次郎がふたりでバスケットボールを投げ合っている」

太郎が手にもっているボールを次郎のほうにパスしたとする。すると、ボールは勢いよく宇宙空間を飛んでゆくであろう。だが、無から勢いは生じない。それが運動量保存の法則の述べるところである。だとすると、ボールの勢いを相殺するように、太郎のからだは、ボールとは反対の方向に動き出すにちがいない。いわゆる「反動」である。次に、飛んできたボールを次郎が受け取る。そこでボールがピタリと止まってしまったら、やはりボールの勢いが雲散霧消したことになって、運動量の保存則に反することになる。だから、ボールをキャッチした次郎のからだは、ボールが飛んだ方向にそのまま（速度は落ちるが）動き始める。

太郎と次郎がキャッチボールをしたら何が起きたか、まとめてみよう。

まとめ　太郎と次郎がキャッチボールをすると互いのからだは離れてゆく

図13　キャッチボールとブーメラン
（小柴昌俊『ニュートリノ天体物理学入門』より）

これは、あたかも太郎と次郎の間に反発力が働いたかのようである。ちょうど磁石のN極同士が反発するようなイメージである。

素粒子レベルでは、キャッチボールされるボールは、バスケットボールではなく、電気や磁気の場合だったら光子《こうし》と呼ばれる素粒子であるし、強い力の場合だったらグルーオン（＝英語のglue糊からきている）であるし、弱い力の場合だったらウィーク・ボソンと呼ばれる素粒子だったりする。

なお、反発力ではなく引力の場合は、キャッチボールでは説明できないと思われるかもしれないが、それでもわかりやすいアナロジーは存在する。バスケットボールのかわりにブーメランを思い浮かべるのである。太郎と次郎は、互いに背を向けて、ブーメランを投げるのである。すると、ブーメランは、いったん太郎から遠ざかってから弧を描いて方向を変えて、また弧を描いて、次郎の手に届く。その結果は？（図13　キャッチボールとブーメラン）

まとめ　太郎と次郎がブーメランを投げ合うと互いのからだは近づいてゆく

いかがだろう？　投げるものの形状はちがうが、こうやって広義のキャッチボールをすることによって、反発力も引力も理解することが可能なのである。

「力」とは量子力学においては素粒子のキャッチボールにほかならない。

素粒子レベルにおける4つの「力」と「ボール」を書いておこう。

4つの力

1　強い力＝グルーオン
2　電磁力＝光子
3　弱い力＝ウィーク・ボソン
4　重力＝重力子

学校で教わる電気のクーロンの法則は、ふたつの電荷の間に働く力の大きさが電荷に比例し、距離の2乗に反比例する、というものだが、素粒子レベルにおける力の強さは、まさに「電荷」

によって決まる。

われわれは電気の電荷や（磁気の「電荷」である）磁荷には馴れているが、強い力の「電荷」や弱い力の「電荷」や重力の「電荷」には馴染みが薄い。このうち、重力の電荷は、なんのことはない、「質量」（＝重さ）である。そういわれてみれば、ニュートンの万有引力の法則は、電気のクーロンの法則と同じ恰好をしているではないか。

コラム

質量は電荷だろうか?

クーロンの法則と万有引力の法則を並べて書いてみよう。（図14 クーロン力と万有引力は恰好が同じ）

とても似ている。ということは質量mは電荷qと同じ意味をもつのだろうか？

この問題は「電荷の最小単位」を考えるとはっきりしてくる。電磁気の電荷には素電荷eがある。電子がもっている電荷eが一番小さい電荷なのである。

それでは重力の場合はどうなるだろうか？　質量mに最小単位があるという話は聞いたことがない。なぜだろう？

電荷qは「素電荷eが何個分か」をあらわしている。だから、クーロンの法則において、電気力の

$$F=\frac{qQ}{r^2}$$ …… クーロンの法則では電荷 q（または Q）は素電荷 e の整数倍

$$F=G\,\frac{mM}{r^2}$$ …… 万有引力の法則では？

図14　クーロン力と万有引力は恰好が同じ

・クーロンの法則は、単位系を選べば、このように係数が1の恰好にすることができる

本質的な強さは素電荷によって決まっている。

重力の場合も重さ m が「素電荷が何個分か」を意味するのだと考えれば、重力の場合の素電荷は $\sqrt{G}$ ということになる。

超ひも理論は重力理論でもあるので、この素電荷 $\sqrt{G}$ は、超ひも理論の「電荷」と関係するはずだ。実際、その関係は、超ひも理論の低エネルギー近似を計算することによってわかっていて、

$$\sqrt{G}=gl_s$$

という関係がある。g は超ひもの「電荷」であり l_s は超ひもの「長さ」である。

なお、本書では「電荷」という言葉と「結合定数」という言葉を区別なしで使うことがある。電荷というのは、相互作用（＝結合）の強さを意味するものだからである。

4つの電荷（＝力）のおおまかな強さを列挙しておこう。

4つの力

1　強い力＝グルーオン～1
2　電磁力＝光子～0・01
3　弱い力＝ウィーク・ボソン～0・00001
4　重力＝重力子～0・000000000000000000000000000000000000001

これは、かなり驚くべき結果である。なにしろ、原子核を糊づけしている力を1とすると、電気や磁気の強さは100分の1であり、弱い力は10万分の1であり、最後の重力は、なんと……0が小数点以下に37個も並ぶほど弱いのである。

これは明らかにわれわれの直感に反する。

なぜなら、われわれが知っている一番強い力こそが重力なのであり、重力が強いからこそロケットは猛烈に噴射しないと地球の引力圏から脱出できないのであるから——。

だが、ここに上げた見積もりはまちがっていない。

いったい、どうなっているのだろう？

実は、われわれがイメージする強い重力は、太陽や地球や月といった、天文学的に巨大な数の素粒子が集まった物体に働く重力なのである。引力も反発力もある電気や磁気とちがって、重力には引力しかない。だから、素粒子の数が多くなればなるほど、塵も積もれば山となる式に強くなるのである。

それに対して、ここで行った見積もりは、素粒子1個のレベルでの本質的な強さなのだ。具体的には、陽子を2つ用意して、その間に働くクーロン力と万有引力の強さを比較してみたのである。

つまり、重力は本質的には「非常に弱い」のだが、積算効果によって天文レベルや日常レベルでは突出して強く見えるようになるのである。

統一の前にたちはだかる難関

さて、ようやく「統一」とか「万物」という言葉を整理できる段になった。

「マクスウェルの理論」↓電気力＋磁力
「アインシュタインの統一場理論」↓電磁力＋重力
「統一理論」＝電弱統一理論＝ワインバーグ-サラム理論＝標準理論↓電磁力＋弱い力
「大統一理論」↓強い力＋電磁力＋弱い力
「万物の理論」＝究極理論＝超ひも理論↓強い力＋電磁力＋弱い力＋重力

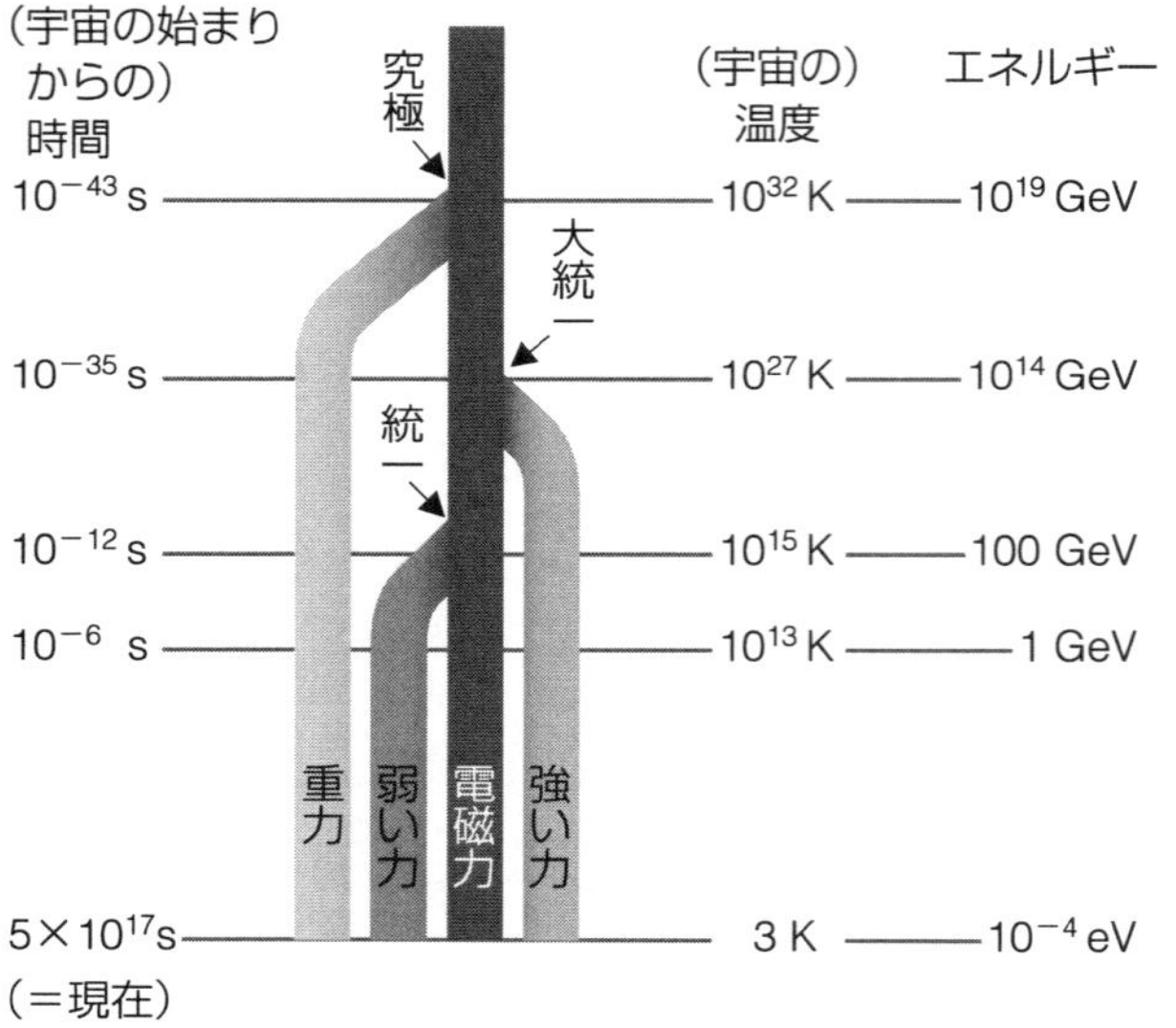

図15　さまざまな「統一」理論の意味

・eV（＝電子ボルト）は電子を1ボルトの電圧で加速したときのエネルギー
・GeV（＝ギガ電子ボルト）は10億電子ボルト
・Kは絶対温度（0 K＝−273°C）

いかがだろう？（図15　さまざまな「統一」理論の意味）

さまざまな「統一」の意味は、このように整理される。

ここに上げたさまざまな統一の試みのうち、完成しているのは、マクスウェルの電磁気学とワインバーグ-サラム理論のみである。

また、マクスウェルとアインシュタインの統一理論は、量子力学を用いないという意味で「古典論」の枠内における統一理論である。それに対して、残りの3つは、「量子論」の枠組みにおける統一の試みである。

また、「相対論」の観点からは、ここに上げた全ての理論がアインシュタインの相対性理論の枠内にある。

このうち、アインシュタインの統一場理論の試みが失敗に終わった理由を分析してみると、やはり、量子論を用いないで、古典論だけで統一しようとしたことに無理があったのだと考えられる。

しかし、アインシュタインの統一場理論の試みは、あながち的はずれとはいえない。なぜなら、現代的な観点からすれば、次元の数を増やすことによって、重力理論から電磁力を「紡ぎ出す」ことは充分に可能だからである。（第2章の「アインシュタインの机にしまわれた5次元理論？」をご覧ください）

さて、4つの力の強さは「電荷」によって決まると書いたが、実をいえば、電荷だけではなく「距離」によっても強さはちがってくる。距離によって実効電荷が変わってくるのである。まずは、大筋を摑むためにグラフをご覧に入れよう。（図16　すべての力は同じ強さだった？）

つまり、4つの力の強さは、どうやら、短い距離では一緒になってしまうようなのだ。

ただし、この図にはふたつばかり問題があることがおわかりだろう。

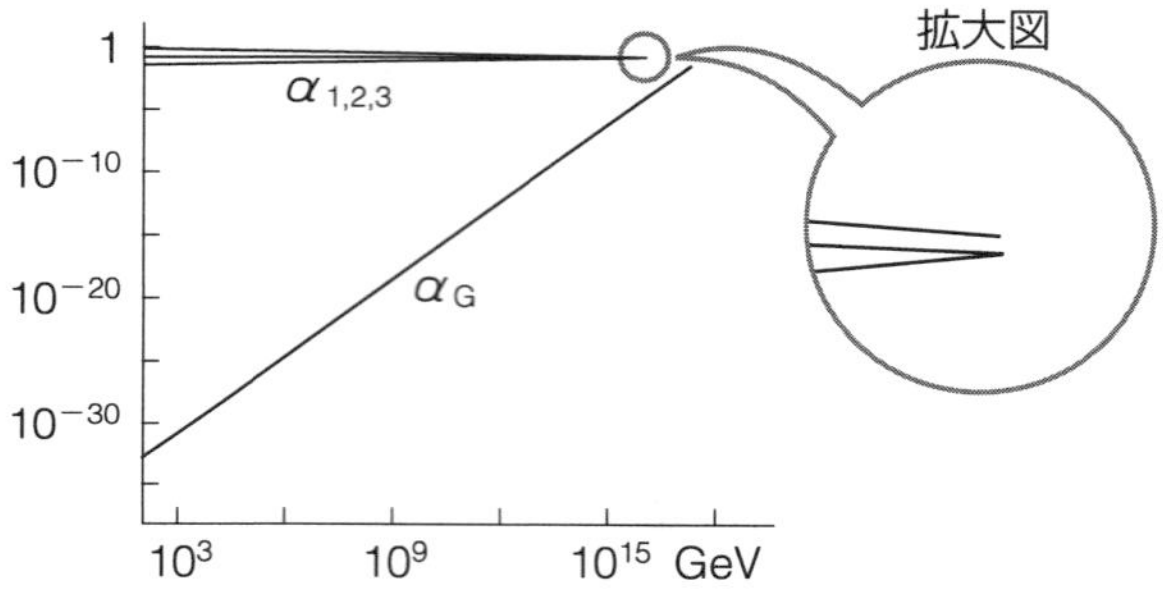

図16　すべての力は同じ強さだった？

・グラフの上から順に α_1 は強い力、α_2 は電磁力、α_3 は弱い力の結合定数をあらわす
・拡大図でズレているのは α_1 だが、超対称性があると、一点で交わるようになる
・α_G は重力定数をあらわす

問題1　「統一」点が少しズレている
問題2　重力だけが大きくズレている

第一の問題点については、実は、超対称性という考えを採用することによって、ズレが解消されて、ピタッと一点で交わることがわかっている。

第二の点については、

「なぜ重力だけが仲間はずれなの？」

という素朴な疑問が湧く。重力だけが仲間はずれで、極端に小さな距離にならないと他の力と一緒にならないとすると、極端に大きなエネルギーを使わないと実験ができないことになる。

実際、数年前までの知見では、人類が人工的につくりだせる程度のエネルギーでは、とてもじゃないが、重力が他の力と一緒になることは検証できないと考えられていた。いいかえると、(超ひも理論などの）万物の理論は、原理的に、実験で

は検証不可能だと思われていた。

ところが、最近の超ひも理論の進展からすると、重力は、もっと早い段階で他の3つの力と一緒になる可能性がでてきた。つまり、超ひも理論は実際に検証できるかもしれないのである。

（第3章の「万物の理論をテストする?」をご覧ください）

コラム

レプトンとクオーク

遅ればせながら「4つの力」と（力が働く相手の）「物質」の一覧表を載せておきます。（図17　素粒子の一覧）

なお、「反物質」というのは、この一覧表にでてきた素粒子の電荷の符号を逆にしたもののことである。自然界には、物質があふれていて、反物質はほとんど存在しないが、人工的につくることはできる。

クオークの間に働く強い力の電荷は「色電荷」と呼ばれている。もちろん、実際に目で見て色がついているわけではない。だが、電荷には3種類あって、それが色の三原色と似ているので、色電荷という名前がついているのだ。

便宜上、この色電荷を赤、青、緑と呼ぶことにしよう。

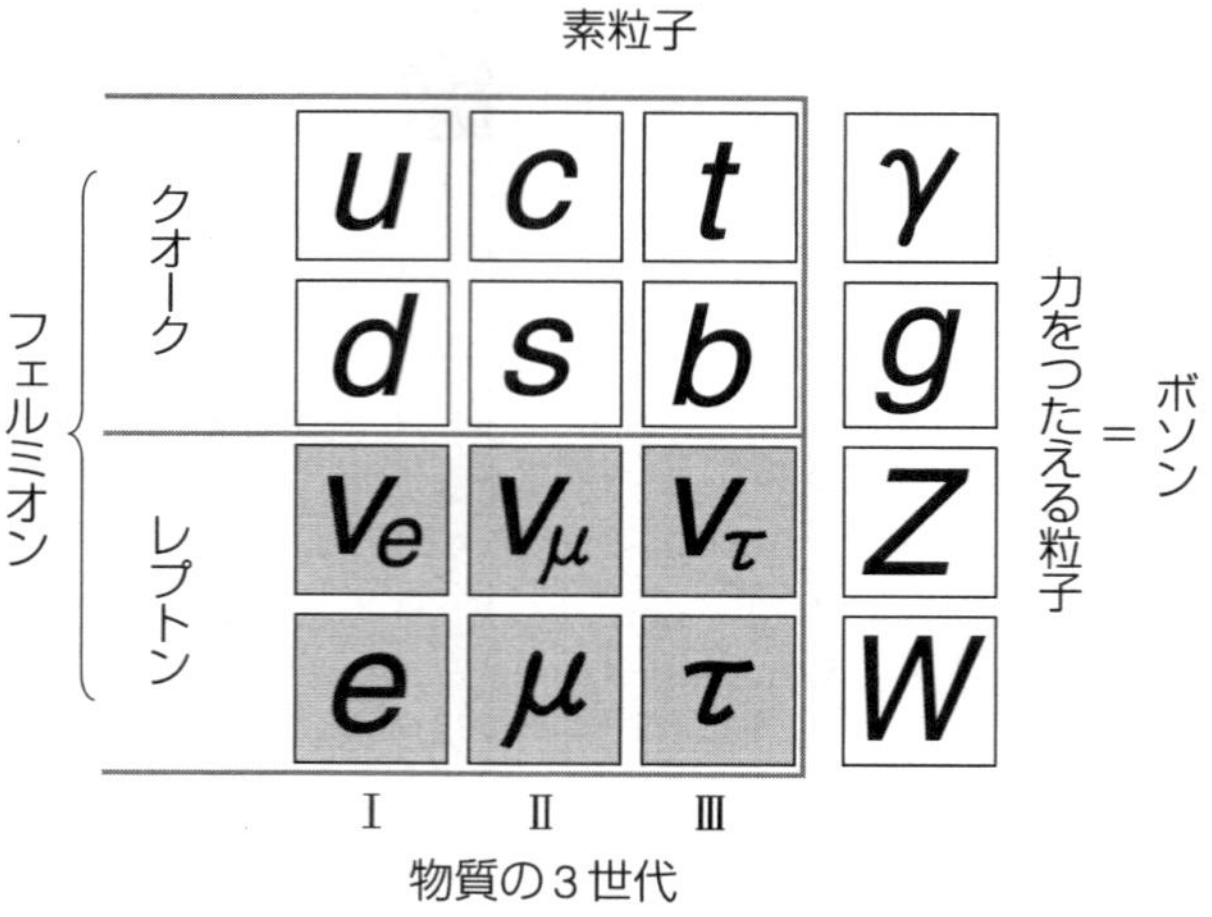

クオーク：	アップ	チャーム	トップ
	ダウン	ストレンジ	ボトム
レプトン：	電子ニュートリノ	ミューオン・ニュートリノ	タウ・ニュートリノ
	電子	ミューオン	タウ
力：	光子	グルーオン	Zボソン　Wボソン

図17　素粒子の一覧

- ⅠとⅡとⅢは世代をあらわす（同じようなパターンが3つ繰り返される）
- ZボソンとWボソンをあわせて「ウィーク・ボソン」と呼ぶ
- 力をつたえる粒子には、このほかに「重力子」があると考えられる
- 上図のほかに素粒子の質量と関係する「ヒッグス・ボソン」があると考えられる

クオークは、この3つの色電荷のどれかをもっている。色に補色があるように、色電荷にも補色の電荷がある。また、三原色が混ざると白になって色が消えるが、色電荷も赤と青と緑が一緒になると色が消える。たとえば陽子はアップクオーク2個とダウンクオーク1個からできているが、その3つのクオークの色電荷の組み合わせは、必ず赤と青と緑になっている。つまり、色電荷の観点からは、陽子は「白」で色がないのだ。

なお、

「クオークは1／3とか2／3の半端な電荷をもっている」

というときの電荷は色電荷ではなく電磁力の電荷なので注意が必要だ。つまり、クオークは、強い力の電荷だけでなく、電磁力の電荷ももっているのである。だから光子のキャッチボールもする。

それに対して、電子は強い色電荷はもっていないので、グルーオンのキャッチボールはしない。

あらゆる素粒子は重力子のキャッチボールをする。「万有」引力は、素粒子レベルでも健在なのだ。

ポイント　素粒子には、4つの「電荷」のどれをもっているかに応じて、複合的に力が働く

生成と消滅ということ

粒子数が不確定になると素粒子の生成・消滅が起きる。

真空は、何もない静かな場所ではなく、常に素粒子が生まれたり消えたりしているダイナミックな場所なのだ。

すると、統一理論とのからみで面白い情況が生まれる。

それは、「実効電荷」が距離によって変わることだ。そう、電子やクオークの電荷そのものが変化するのである。

どうしてそうなるのか、まず、電子の場合から考えてみよう。

ここに電子が1個あるとする。

その「電荷」を計るにはどうすればいいだろうか？

まず考えられるのは、他の帯電した物質を近づけて、どれくらいの力が働くかを測定することであろう。クーロンの法則によって、2つの電荷の間に働く力は、両方の電荷に比例し、距離の2乗に反比例することがわかっている。だから、試験電荷を近づけて力を計れば、電子の電荷を計算することが可能なのだ。

だが、実際にそうした実験をやってみると、驚いたことに、電子の電荷は定数ではないことが判明する。

電子の電荷は、なんと、測定距離によって変化するのである。電子の電荷は近づくと大きくなり、遠ざかると小さくなる。

通常、われわれが知っている電子の電荷は、遠くから計った場合の「実効」電荷なのだ。

なぜ電荷が距離に依存するかは、素粒子の生成・消滅を考慮に入れると理解することができ

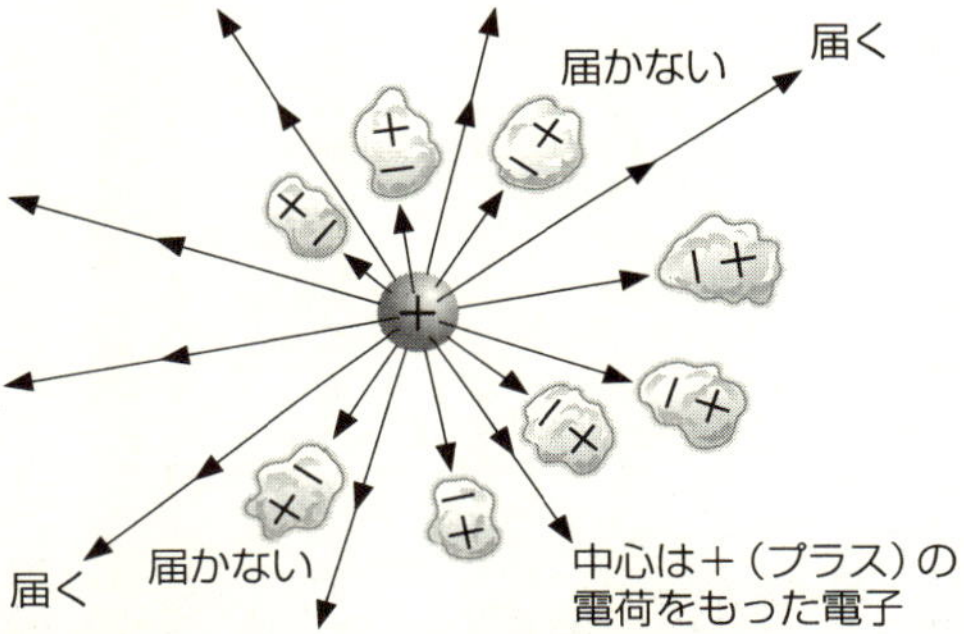

図18　電子の雲のせいで実効電荷は弱く見える

る。

電子の周囲には、一見、別の電子は存在しないように見える。だが、実際は、電子の周囲では電子と陽電子がペアで生成しては消滅している。これは、あたかも沸騰したお湯の表面に気泡ができては消えるような感じで、空間にふつふつと電子の泡が湧いているのである。

これを「電子の雲」と呼ぶ。

だから、電子が単独で存在しているのではなく、その周囲は、電子の雲によって覆われているのだ。その雲が元の電子を「遮蔽《しゃへい》」するので、遠くからだと、近くで見るよりも電荷は「弱く」見える。（図18　電子の雲のせいで実効電荷は弱く見える）

ポイント　電子の電荷は遠ざかると弱くなる

次にクオークを1個用意する。

といっても、クオークの場合には特殊事情があって、単独で分離できないのだが、とにかく、そういう情況を考えてみる。とりあえずは「赤電荷」のクオークがあるとする。

電子と同じでクオークの周囲にも「クオークの雲」があるので、遠くから見ていると赤電荷は弱く見えそうである。ところが、クオークの場合は、強い力を伝える役目のグルーオン自身も電荷をもっているために話が複雑になる。(電磁力を伝える光子は電荷をもっていなかった)

計算してみると、クオークの場合、周囲の雲は「逆遮蔽」の効果を及ぼすのである。だから、結果は電子の場合と逆になる。

ポイント　クオークの色電荷は遠ざかると強くなる

周囲に量子の雲がある点は一緒なのに、電子とクオークとでまったく逆の効果があらわれることは、納得しがたいかもしれないが、原因は、電磁力を媒介する光子と強い力を媒介するグルーオンの性格のちがいに帰せられる。

グルーオンは自分自身も色電荷をもっているので、自分たち同士でもキャッチボールをしてしまう。この余計な性格が災いして(?)、色電荷の「雲」のふるまいが電磁力の場合とは逆さまになるのである。

ひもの不確定性により時空は泡となる

ふたたび超ひも理論そのものの解説に立ち戻ろう。

超ひも理論が「ひもの量子論」なのだとしたら、その重さ（＝エネルギー）が「飛び飛び」になるだけでなく、なにかが「不確定」になるにちがいない。

すでにご紹介したが、ひも理論には、ひも特有の不確定性が存在する。それは、こういうメカニズムによって生ずる。

点の量子論の場合、点粒子で点粒子を測ろうとしたら、位置xと運動量p_xの値がジレンマに陥ったのであった。そのひとつの理解の仕方は、量子論においては、点自体が不確定な波の性質をもち始めるからだといえよう。

超ひもの位置や運動量を測定する場合、あまりにも小さいので、当然のことながら、別の超ひもで測るしかない。ところが、「小さい」距離を測るためには「大きな」エネルギーが必要になる。（エネルギーと距離が逆の概念であることを思い出してください！）

超ひもにエネルギーを注ぎ込むと、なんと、振動がどんどん大きくなって、いつのまにか位置の不確定性が増大してしまうのである。

ポイント　超ひもにエネルギーを注ぎ込むと振動が激しくなって位置がぼやけてしまう

だから、超ひも理論においては、原理的に「位置」の測定は（ほぼ）プランク長さl_Pくらいまでが限界になっている。

これを点の量子論のハイゼンベルクの不確定性と区別して「ひもの不確定性」と呼んでいる。のたうちまわる超ひもの「プランク長さ」以下を測る術はない。

この結果は、基本的には正しいのだが、第3章でさらなる概念の飛躍が待っている。たしかにプランク長さ以下を測ることはできないのだが、どうやら、「長さ」という概念が1つではなく2つあるらしいのである——。

第2章　次元の秘密

第2章

次元の秘密

＝この章の要点＝

超ひも理論は10次元とか11次元の理論である。

だが、そういわれてもわれわれは（ふつう）3次元までしか絵に描くことができないし心にイメージすることもできない。

物理学者たちは、いったい、どうやって高次元の世界をとらえているのだろう？

直感的に理解する方法はないのだろうか？

この章では、超ひも理論を念頭におきつつ、低次元の世界から始めて高次元の宇宙を心に思い描くコツに迫ってみたい。

2次元人の悲劇

いきなりだが、小説の一場面をお読みいただきたい。あとの説明の前フリである。

微小説

科学探偵の湯川幸四郎と助手の十文字葵は、さる旧家の当主の依頼を受けて、東京から東北のある県を訪れた。

そこは古風な武家屋敷であった。

2人は年老いた召し使いに案内されて広い客間に通された。

陰気で照明は暗く、どことなくじめじめと湿気た臭いがしたが、2人は、だされたお茶を飲みながら当主があらわれるのを待っていた。

と、次の瞬間、

「きゃあ！　て、天井が下がってくるわ！」

葵が上を見上げて叫び声をあげた。

「逃げるんだ！　葵くん！」

幸四郎は葵の手を摑むと入り口の襖に突進して左右に開け放った。

「ぐっ」

幸四郎と葵が見たのは、さきほど通ってきた廊下ではなく、鐵の壁であった。

残りの三方も壁になっていて、逃げ道はない。

「ああ！　潰されてしまう！　先生、どうにかしてください！」

葵の目にうっすらと涙が浮かんだ。

「仕方ない、葵くん、潔く諦めて、これからは2次元人として平らな人生を送ることにしようじゃないか」

天井と床の距離が50センチメートルになり、15センチメートルになり、しまいにゼロになった。


悲劇である。

ふつうだったら、3次元の生物である人間の身体は、天井と床に挟まれてぺしゃんこになって、死んで終わりである。

だが、そこは小説なので、2人はたしかにぺしゃんこの平面人間になるが、なぜか、生きている。そして、これまでとはちがった人生を送るはめになる。

平面は縦と横の2方向しかないので、幸四郎と葵は2次元人になったのである。

さて、これまでの3次元人の生活とくらべて、2次元人の生活は、いろいろな点でちがってくる。

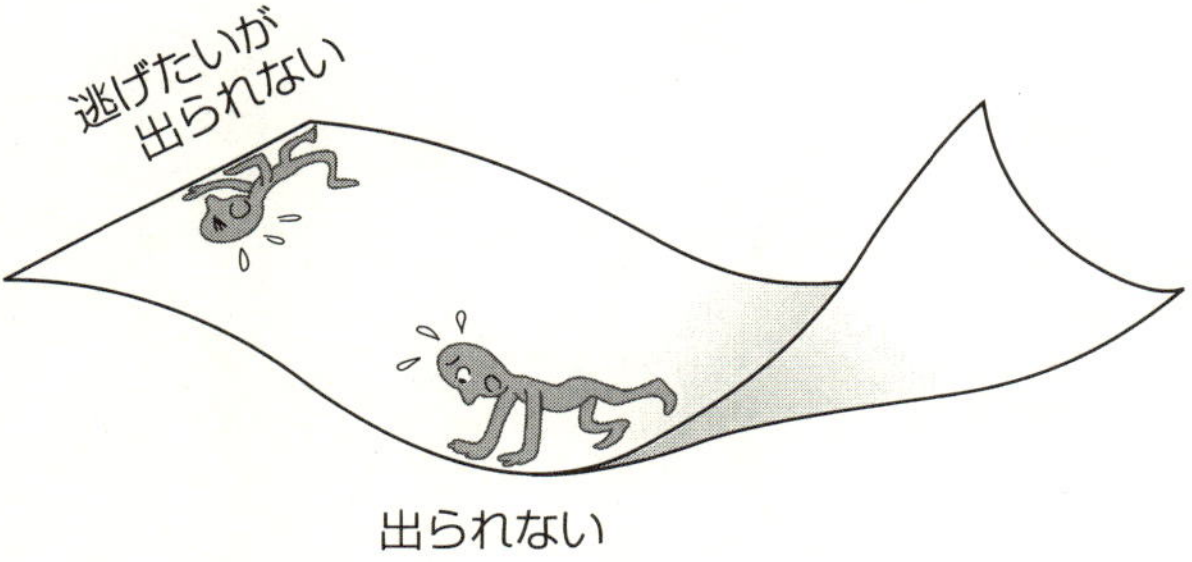

図19　2次元平面に閉じ込められた人々

まず、3次元目の高さが失われてしまったので、幸四郎と葵は、地球の表面（これも2次元）に張り付いたままで、自力では表面から離れることができない。前よりも不自由になったのである。

幸四郎と葵は、ぺしゃんこになったあと、邪悪な屋敷の当主の手から逃れようとするが、当主は、2人を奇妙な囲いの中に監禁してしまう。この囲いは、ふつうの3次元人から見れば、磁石の反発力を利用して宙に浮かんでいる薄板にすぎないのだが、平面から浮き上がることのできない2次元人にとっては、立派な牢屋になる。（磁石だと安定させるのが難しいかもしれないので、ホバークラフトみたいに空気の噴射で浮かせてもいい。あるいは、いっそのこと、風船の表面に閉じ込めて、その風船が空中に浮いているようにしてもかまわない）（図19　2次元平面に閉じ込められた人々）

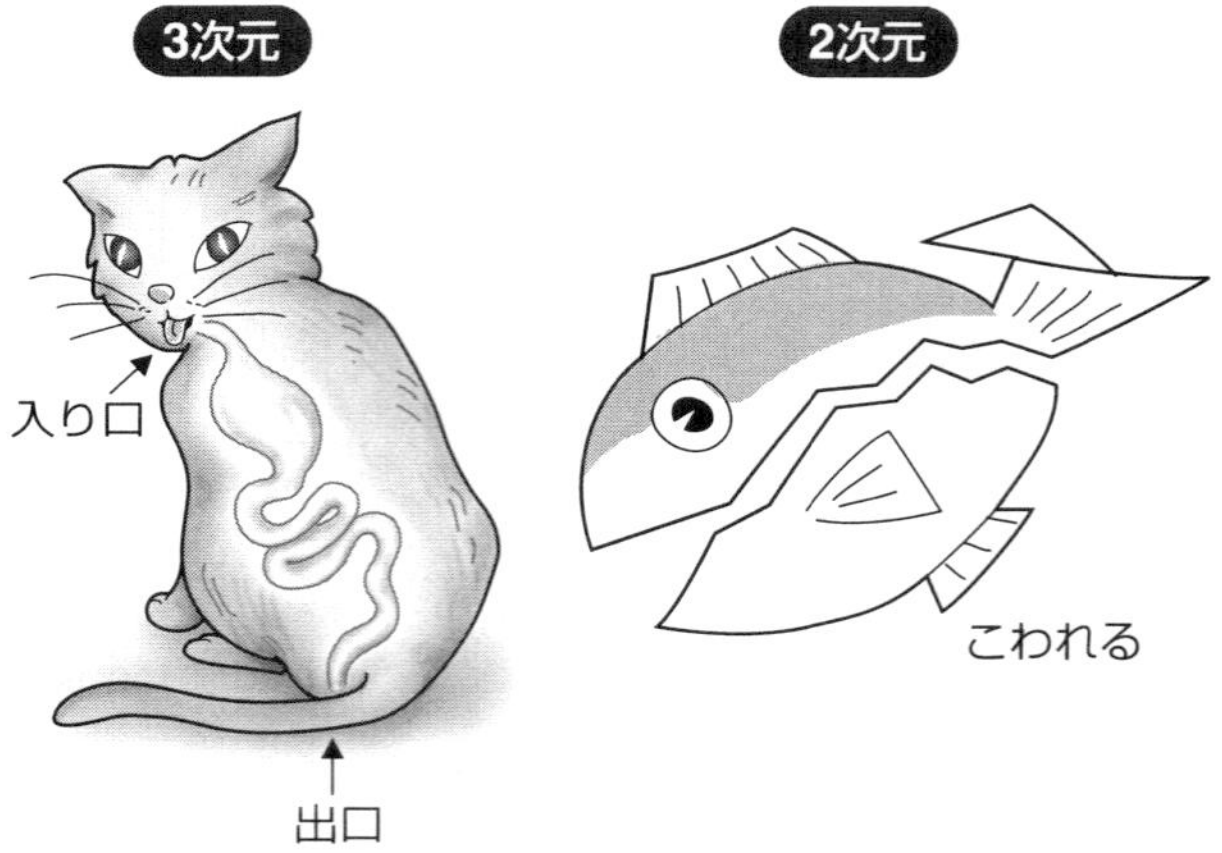

図20　消化管は２次元人を真っ二つに裂いてしまう

ここで注意していただきたいのだが、3次元人であれば、この囲いの表面からピョンと飛び出てしまえば逃げることができる。昔読んだ「飛び出す絵本」は、まさに、2次元平面の本の世界から3次元の挿し絵が飛び出す工夫をしたものだったが、ああいう感じで平面から「高さ」の方向、つまり3次元目の方向に出てしまえばいいのである。

だが、幸四郎と葵は、完全な2次元人になってしまったので、自分たちの力では「高さ」方向に飛び出すことができない。できないからこそ2次元人なのである。（もちろん、3次元人が、紙になった幸四郎と葵を囲いの平面から引き剝がして、別の表面に置いてやることは可能だ）

2次元の世界に閉じ込められた幸四郎と葵は、これまでのように食事をとることもできない。なぜなら、これまでのように食べるためには、口から消化器を通って肛門などに至る管《くだ》のような構造が必要なのだが、2次元人の場合、身体の真ん中を2次元の管が通ったら、身体は真っ二つに割れてしまうからだ。(図20　消化管は2次元人を真っ二つに裂いてしまう)
うーむ、困った展開になった。

微小説（続き）

邪悪な当主は、2次元の牢獄に監禁している幸四郎と葵を拷問にかけようと考えた。当主は、不気味な笑みを浮かべながら宙に浮いている「牢獄」に近づいた。

「ふっふっふ、貴様らにはわしの姿は見えん。なにしろ、貴様らの世界は、平面だけなのだからな。平面の外にいるわしは、貴様らにとっては、神にも等しい存在なのだよ」

そういうと、懐から小さな針を取り出して、幸四郎のお尻のあたりに突き刺した。

「痛い！」

幸四郎にとって、その痛みは、まさに青天の霹靂《へきれき》だった。驚いて背後を振り向いたが、何も見えなかった。二度目の攻撃は幸四郎の左手の甲を貫いた。激痛がはしり、幸四郎は気を失いかけた。だが、幸四郎にはわかっていた。一つ高い次元からの攻撃を防ぐ術《すべ》がないことを――。

2次元人になった幸四郎と葵に「見える」のは平面内の情報のみである。だから、3つ目の次元に棲んでいる侵略者が、いきなり平面以外の方向から攻撃をしかけてきた場合、彼らには予測することもできないし、敵の姿を見つけることもできない。
2次元の世界では物理法則も変わってくる。

たとえば、3次元空間において万有引力の法則やクーロンの法則が「逆2乗則」になっている理由は、空間の拡がりが3方向であることから直感的に理解することができる。(「逆2乗則」とは、力が距離の2乗の逆数で効いてくることをいう)

重力や電気力の元になる「場」が存在するとしよう。力の源から周囲に「力線」が拡がっていて、その力線が密なところは「場が強く」、力線が疎《まば》らなところは「場が弱い」。源から離れるにしたがって、力線の密度は小さくなる。源から出る力線の総数が一定だとすると、3次元空間であれば、力線の密度は、距離rの2乗の逆数に比例する。なぜなら、源を囲む半径rの球面の面積は、

$$4\pi r^2$$

だからである。(図21「湧き出し口」から3次元的に四方八方に拡がる力線)

この考えを2次元に適用してみよう。すると、源を囲む円の円周が、

$$2\pi r$$

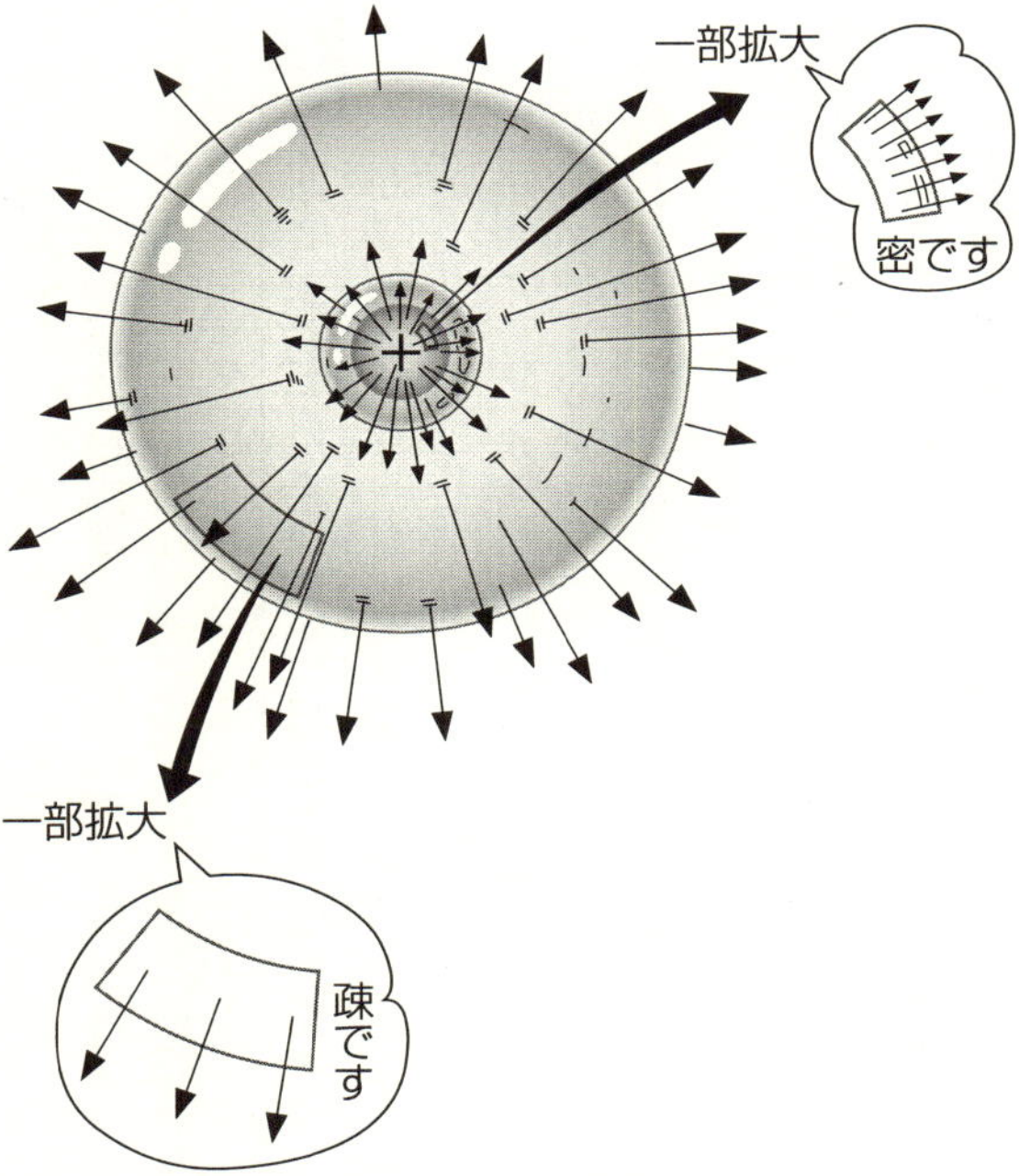

図21　「湧き出し口」から3次元的に四方八方に拡がる力線

になるので、場の強さは、逆2乗ではなく逆1乗に比例することになる。（要するに r に反比例するということ）

　だから、2次元世界では、物理法則が変わってくるのだと考えられる。

　それでは、もう1つ次元を落として1次元（＝線の世界）になったら、力線の密度はどうなるだろうか？　答えは簡単だ。力線は拡がっていかないから、距離が大きくなっても源における密度と同じである。だから、力は距離に関係なく一定ということになる。（そのような力は、すでに出てきた「強い力」がいい例である。ただし、強い力は、重力や電磁力のような長距離にわたってはたらく力ではなく、短距離力であるので、肉眼で観測することができない）

コラム

素粒子は2次元の世界に棲んでいる？

素粒子は量子力学の法則にしたがう。

量子力学では素粒子が動いていても軌跡は確率的にしか決まらない（古典力学みたいに「通った跡」がはっきりしない）。だが、それでも、そういった不確定な軌跡を考えることはできる。

面白いのは、素粒子の「通った跡」が1次元の直線にならないことだ。素粒子の軌跡の次元を計算してみると、なんと2次元になるのである。

これは1つのイメージの仕方と思っていただきたいのだが、素粒子は、ブラウン運動のように微視的なジグザグ運動をしているのである。（図22　素粒子のジグザグ運動は2次元的）

そのジグザグ運動は、時間がたつと2次元平面を埋め尽くしてしまう。そういう意味で、

「素粒子の軌跡は2次元だ」

ということができる。

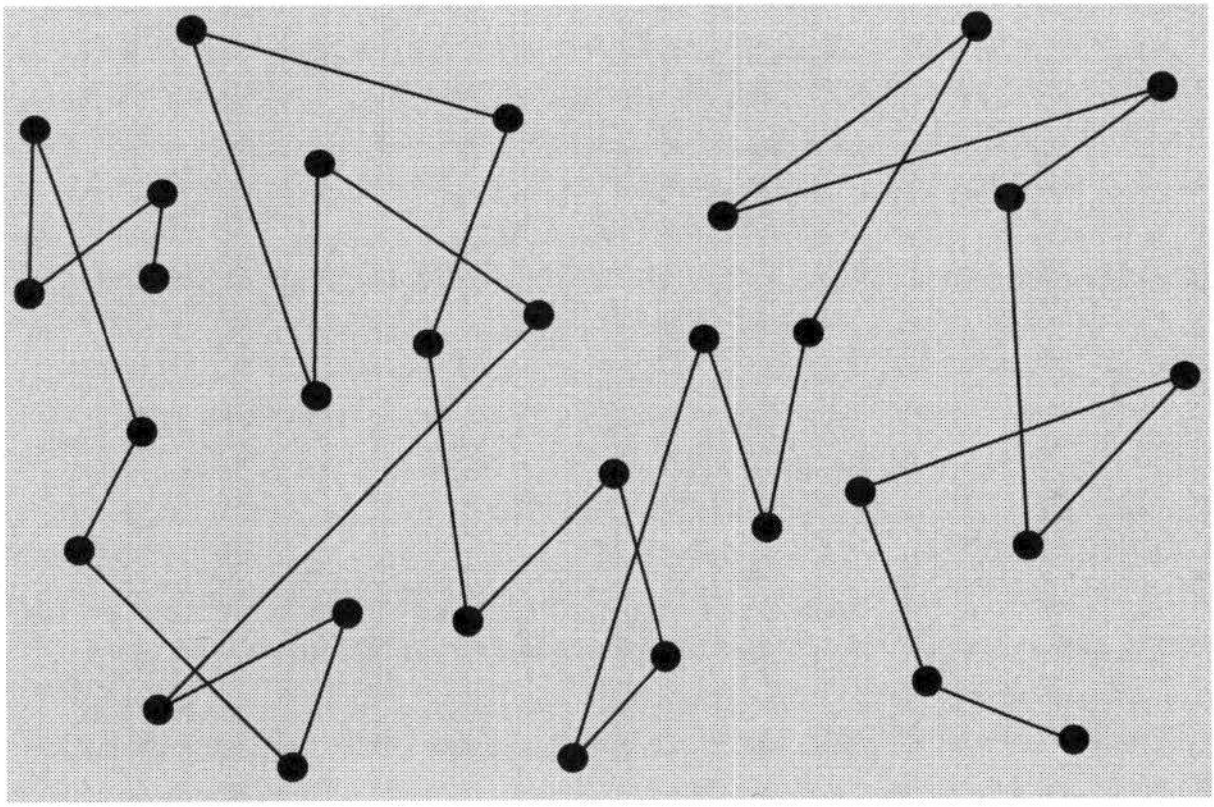

図22　素粒子のジグザグ運動は2次元的（図はブラウン運動）

3次元空間に棲んでいる素粒子の動きが2次元的であるというのは、本書の第3章にでてくるホログラフィー原理とのかねあいでも興味深い。

コラム

SF小説の古典『フラットランド』

広大な紙の上に線や三角形や四角形や五角形や六角形といった連中がいるとしよう。彼らはその場に固定されているのではなく、紙の表面を自由自在に動き回ることができて、とはいえ、紙から上に浮かぶことも下に沈むこともかなわず、影によく似ていて、でも堅くて辺が輝いている。まあ、これが私の国であり住人たちの姿そのものといっていいだろう。残念なことに、これが数年前であったならば、「私の宇宙」という表現を使ったのだろうが、今や私の心は物事のより高次元の見方を知ってしまったのだ。(『フラットランド』アボット、第1章、竹内訳)

こんな書きだしで始まる小説『フラットランド』(Flatland) は、さしずめ「2次元国の四角四面氏」とでもいうべき奇妙なSF世界のお話だ。作者はエドウィン・アボット・アボット(1838−1926)。ケンブリッジ大学出の牧師さんでロンドン市立学校の校長先生でもあった人物。

アボット・アボットとは、なんとも人を喰った名前だが、小説に登場する主人公の名前が「A・スクエア氏」だったりする。英語では「スクエア」(square) といえば「2乗」という意味にもなるので、これは「A自乗氏」という自らの名前のシャレになっている。

もちろん、A・スクエア氏は四角形なのである。奥さんは線である。この小説は当時の社会情勢の風刺にもなっているので、多角形になるほど偉くて、細い三角形が下層階級で、なんと、女性はすべて線なのである。多角形の辺が多くなると円と区別がつかなくなるので、円こそが完璧な人間ということになる。

ある日、A・スクエア氏は、ラインランド(=線の国)の夢を見る。その1次元の国には線人間がいる。てっきり女性だと思って声をかけてみると、驚いたことに、それは1次元の国の王様で男だった。そして、この国の女性は、一番短い男の線分よりもさらに短い「点」なのである。

2次元の国の住人であるA・スクエア氏が1次元の国に割り込むのと同じようにして、ある日、厳

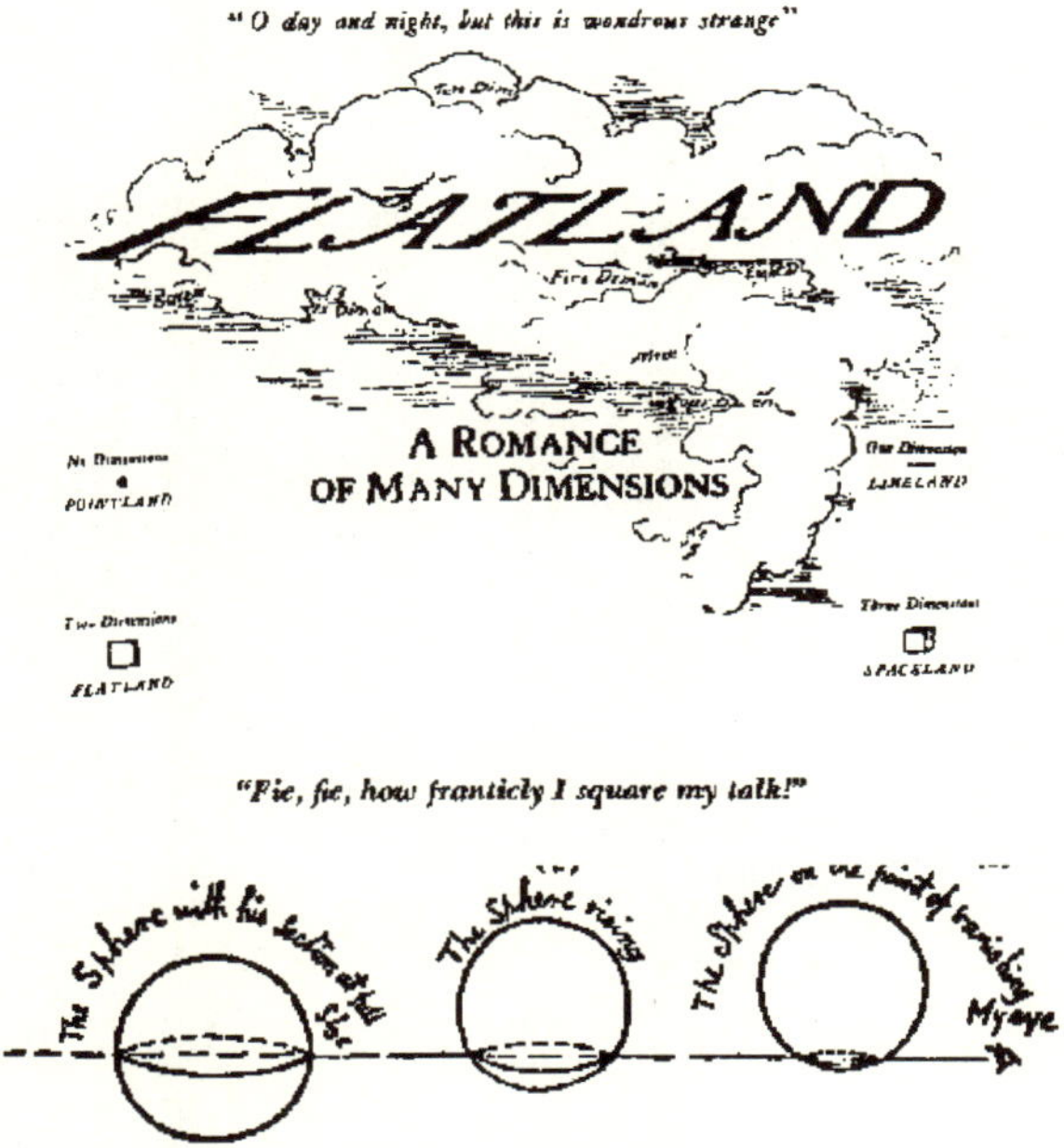

図23　3次元球が2次元平面を侵食すると円に見える
（『フラットランド』の著者エドウィン・アボット・アボットによる表紙と挿し絵）

重に戸締まりをしたはずの家に突如として（神のごとき）円が出現した。だが、それは、本当は3次元の球だったのであり、A・スクエア氏には、その球がフラットランドと交わる断面しか見えないのだった。（図23　3次元球が2次元平面を侵食すると円に見える）

　要するに、2次元国の住人であるA・スクエア氏は、自分の世界よりも高次元の空間があることを知るわけだが、それは、単なる数学的・科学的な意味合いにとどまらず、敬虔なキリスト者であったアボット・アボットが心に思い描いていた高次の存在、すなわち神の領域への冒険でもあった。

3次元空間に棲むわれわれもA・スクエア氏と同じように自分の世界よりも1つ次元の低い2次元世界と1つ次元の高い4次元世界を思い描くことによって、超ひも理論の世界に一歩踏み込むことが可能になる。

3次元からの脱出

微小説

科学探偵の湯川幸四郎と助手の十文字葵は、さる旧家の当主の依頼を受けて、東京から東北のある県を訪れた。

そこは古風な武家屋敷であった。

2人は年老いた召し使いに案内されて広い客間に通された。

陰気で照明は暗く、どことなくじめじめと湿気た臭いがしたが、2人は、だされたお茶を飲みながら当主があらわれるのを待っていた。

と、次の瞬間、

「きゃあ！　て、天井が下がってくるわ！」

葵が上を見上げて叫び声をあげた。

「逃げるんだ！　葵くん！」

幸四郎は葵の手を摑むと入り口の襖に突進して左右に開け放った。

「ぐっ」

幸四郎と葵が見たのは、さきほど通ってきた廊下ではなく、鐵の壁であった。

残りの三方も壁になっていて、逃げ道はない。

「ああ！　潰されてしまう！　先生、どうにかしてください！」

葵の目にうっすらと涙が浮かんだ。

「ふふふ、大丈夫、こんな囲いなどなんてことない」

幸四郎の顔に不敵な笑みが浮かんだ。

次の瞬間、幸四郎と葵は、邪悪な当主の魔手を逃れて、東京の探偵事務所に舞い戻っていた。

「せ、せんせい！　いったい何が起きたんですか？」

葵が目を大きくして訊ねた。

「なに、簡単なことさ。こう見えてもボクは科学探偵なんだよ。この宇宙は本当は高次元になっているんだ。だから、４つめの空間にピョンと飛び上がって牢獄から抜け出したのさ」

幸四郎が得意気に笑ってみせた。

さきほどとちがって、理論物理学者である湯川幸四郎は、邪悪な当主の罠からやすやすと脱出する。さきほどは、邪悪な当主のほうが1つ高い次元に棲んでいて、有利な状況にあったが、今度は、逆に幸四郎のほうが1つ高い次元に飛び出ることができたので、裏をかくことに成功したのだ。

ただし、残念ながら、3次元人である人間の脳は、4次元をそのままイメージすることができない。だから、4つ目の次元をイメージするには、現実の3次元があたかも2次元であるかのように考えて、そこから1つ次元を高くするのがよい。

つまり、

3次元 ↔ 4次元

というのは無理なので、たとえば、3次元のうちの縦方向を忘れてしまって、疑似的に、

2次元 ↔ 3次元

（ホントは3次元）→ 2次元　3次元 ←（ホントは4次元）

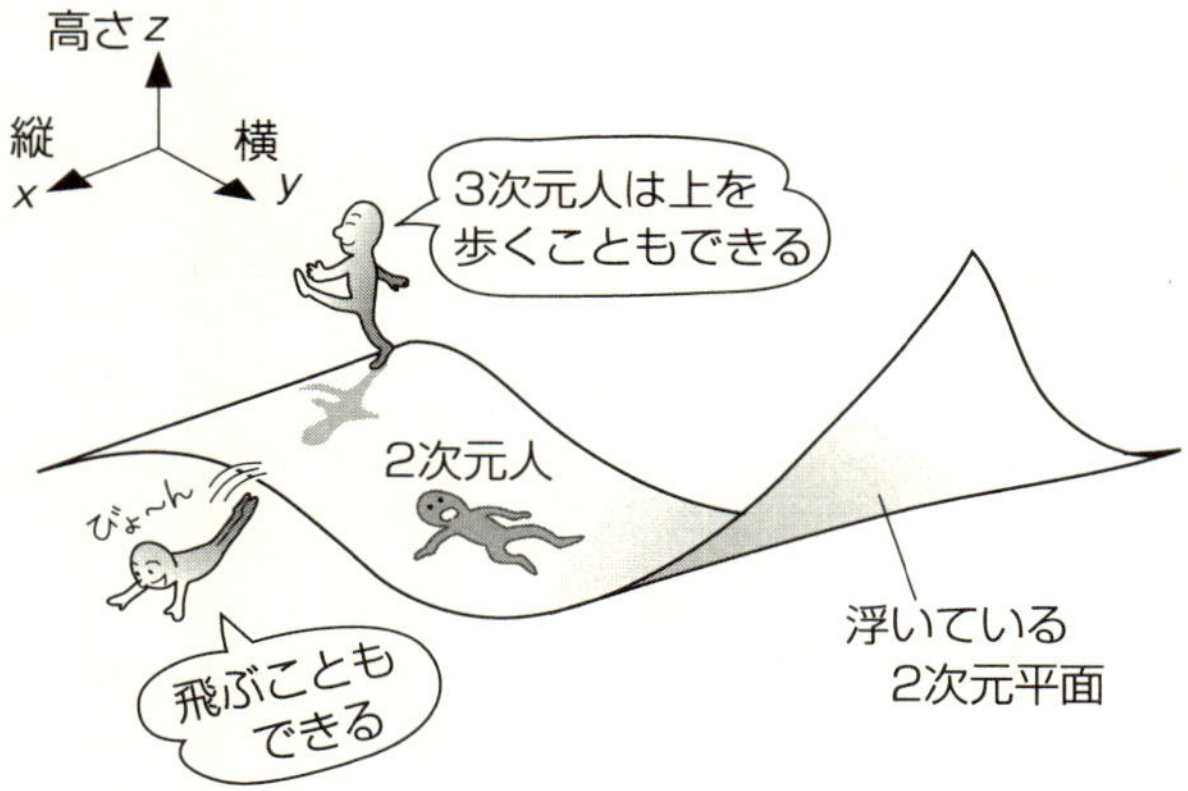

図24　1つ上の次元に移ることができれば、どんな牢獄も脱出することが可能だ

3次元人は高さ方向に出られるので2次元の牢獄から脱出できる

というイメージで考えてみるのである。（図24　1つ上の次元に逃げることができれば、どんな牢獄も脱出することが可能だ）

4次元人が3次元世界を眺めている状態をイメージするときには、前節の3次元人の邪悪な当主が2次元世界を眺めている情況を思い浮かべるわけである。

だとすると、前節において、2次元の牢獄から1つ高い次元に「飛び出す」ことができれば脱出できるのと同様、3次元の牢獄からも1つ高い次元に「飛び出す」ことができれば脱出できるわけだ。

もちろん、2次元と3次元の関係が、必ずしも3次元と4次元の関係と同じであるとは限らない。だから、あくまでも直感的にイメージするときの便法にすぎないのだが、高次元が「わかる」

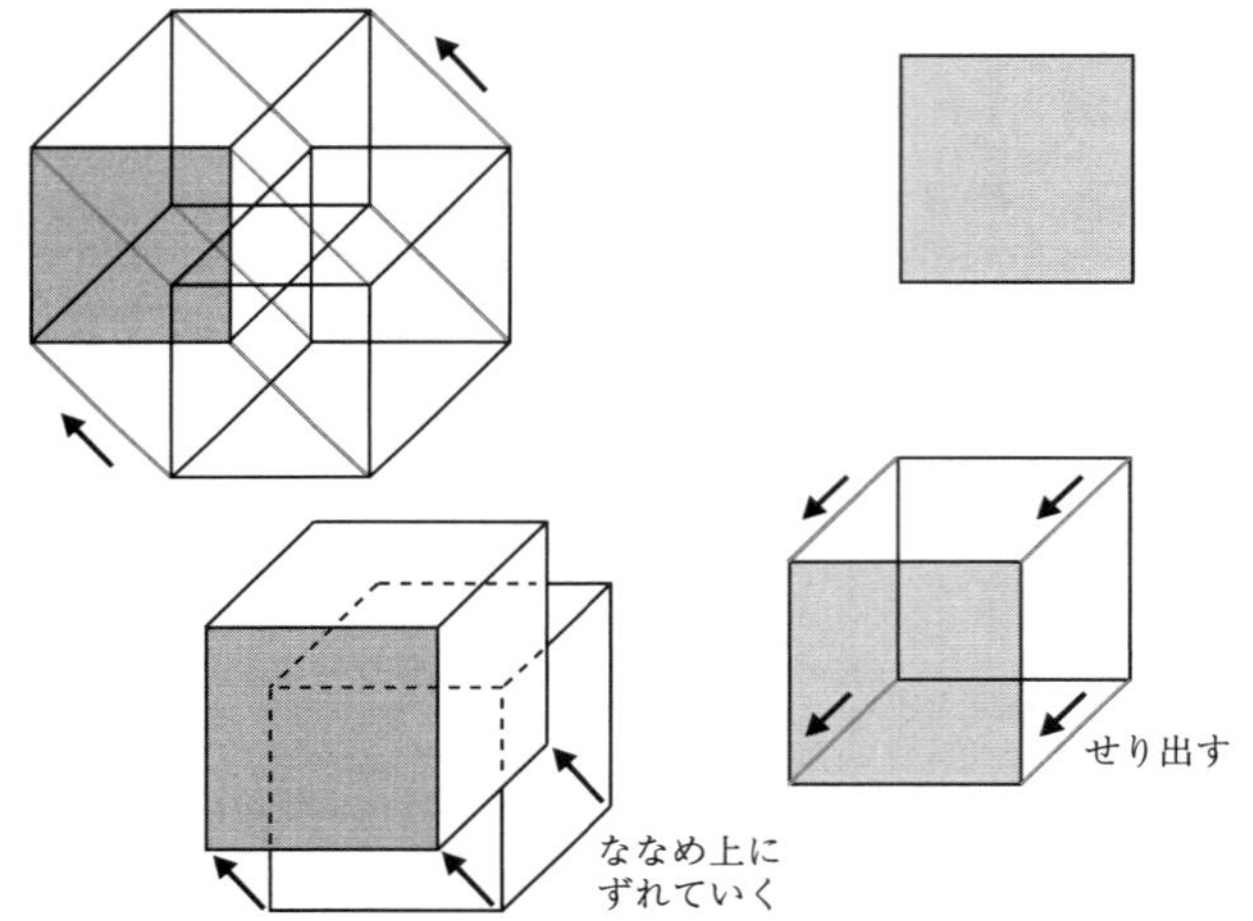

図25　4次元立方体を「見る」方法　その1

ためには、(今の場合は「縦」という)次元を1つ忘れて、次元を1つ落として、具体的にイメージするのが一番である。そうしないと、いつまでたっても、高次元は「わからない」ままで気持ち悪いことこの上ない。

4次元を「見る」方法もいくつか考えられている。たとえば、4次元の「立方体」を考えてみよう。(4次元立体には「超立方体」(hypercube)という名前がついている。だが、超ひもの「超」(super)と紛らわしいので本書では4次元立方体という言葉をつかう)

この場合も2次元「立方体」と3次元立方体の関係を参考にする。2次元立方体とは紙に描いた正方形のことである。正方形を斜め方向に引きずってズラしてみる。引きずった跡を線で描くことにすると、これは、3次元の立方体になる。

斜め方向に引きずるのが、紙から飛び出る方向

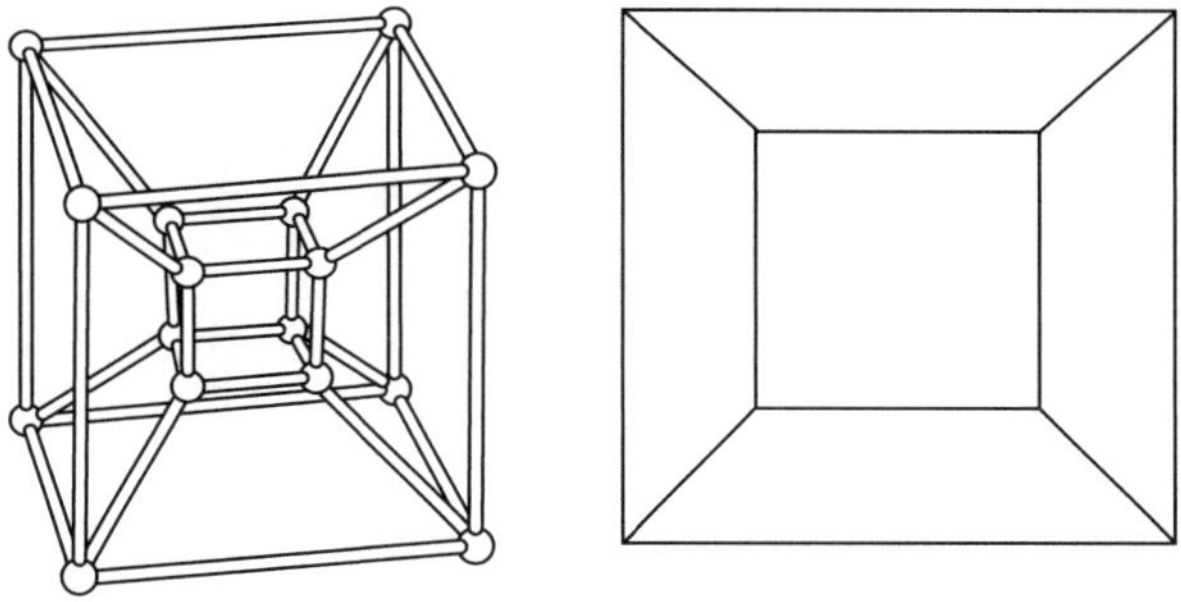

図26　4次元立方体を「見る」方法　その2

だと考えるのである。実際、正方形が紙から飛び出てきたものを目で見れば、このように見えるはずだ。

同じようにして、今度は、3次元立方体を斜め方向に引きずってみる。引きずった跡も描くことにすると、あたかも4次元目に飛び出たものを目で見たかのような錯覚を抱くことができる。これが4次元立方体を「見る」方法である。（図25　4次元立方体を「見る」方法その1）

4次元を見るもう1つの方法は、やはり3次元立方体を参考にする。2次元の四角形の中にもう1つの四角形が入っているような絵を描くと3次元立方体になる。

それと同じように考えて、3次元立方体の中にもう1つの3次元立方体が入っている絵を描くと、それは4次元立方体をあらわすことになる。（図26　4次元立方体を「見る」方法その2）

いかがだろう？

こうやって、4次元の手がかりを得るためには、次元を1つ落としてやって具体的にイメージするとよい。

さらに高次元の場合も、基本的には、

「いくつかの次元を省略して次元を落としてイメージする」のが得策である。

コラム

影を見るか切り取るか

射影（projection）はプロジェクターという言葉からも連想されるように、光を当てて、できた影を見ることにあたる。3次元立方体の骨組みだけを綿棒か何かでつくってみて、それを紙の上に置く。それに斜め方向から光を当てる。すると、その影が2次元の紙の上に落ちる。3次元の立方体を2次元平面に射影したのである。

この本の冒頭にでてきた「ひもの写真」も、高次元に棲んでいるひもを3次元空間に射影したのだと考えることができる。

射影はイメージできない高次元の世界の「構造」を理解するのに欠かせない方法だ。

高次元をイメージするもう1つの方法はスライスである。切り取って断面を見るのである。そういったスライスをたくさん用意すれば全体像をつかむことができる。

たとえば人体は3次元だが、からだの中の悪いところを発見するにはX線CTスキャンやMRIといった方法を用いて、人体の断面図を見る。

さらには写像（map）という方法もある。たとえば地球の表面は本当は球面だが、そのまま地球儀にするかわりに2次元平面にマップするのである。学校でメルカトル図法というのを教わったことがあるかもしれない。実際の地球の表面とメルカトル地図とでは緯度が高くなるにしたがって縮尺に差がでてくる。早い話が歪んでいるのである。歪んではいるが、各地点の位置関係は精確である。つまり1対1対応になっているのだ。

このように射影や断面や写像といった方法を駆使して、物理学の高次元の世界をイメージすることができる。

時間は4つ目の「方向」なのだろうか

前節で述べた4つ目の次元は、あくまでも、

「4つ目の空間次元」

であった。

だが、通常、物理学に登場する4つ目の次元は「空間」ではなく「時間」なのだ。「4次元時

空」というのは「3次元空間 ＋ 1次元時間」という意味であり、4つ目の次元は「時間」であるほうがふつうなのである。

それでは、4つ目の次元が「空間」であるのと「時間」であるのとでは、何か差が出てくるのであろうか？

差は出てくる。

一番大きな差は、空間方向には元の位置に戻ることができるのに、時間方向には一方通行であることだ。つまり、空間において東に30メートル歩いてから西に30メートル戻ることは充分に可能だが、時間において未来に30分経ってから過去に30分戻ることは（今のところ）できない。

そこで過去から未来へと流れる「時間の矢」が存在するかどうかが興味深いところだが、今のところ物理学者の間で解決策に関してコンセンサスはないように見受けられる。

「時間の矢」があるかどうかは別として、なぜ、そのようなものがあると「感じる」のかについては、おおまかに2つの理由が考えられる。

時間の矢を感じる理由1　エントロピー増大の法則があるから

これは、つまり「覆水盆に返らず」という定理である。「熱力学の第二法則」という名前で呼ぶこともある。

周囲から閉ざされた箱の内部のような閉鎖空間において、何もしないでおくと、箱の中の情況は「乱雑」になっていく。私が住んでいる部屋がいつのまにか散らかっていくのと同じである。エントロピーは「乱雑さ」といいかえることもできる。

通常の感覚では、物が劣化するのがエントロピー増大のいい例である。また、一般に固体よりも液体、液体よりも気体のほうが「乱雑」なのでエントロピーも高い。

動物は閉ざされた箱のように孤立していないので、エントロピー増大の法則を破るように見えるが、それは、歳をとって「乱雑」になろうとする身体を「まとめておく」ために、外部からエントロピーの低い食べ物を摂っているからである。精確に言うと、食べたエントロピーと排出したエントロピーの差がマイナスなので、動物は、正味、外から負のエントロピーを体内に取り入れている勘定になる。それでも、最終的には、「乱雑」になろうとする傾向に打ち勝つことはできずに、いつか死を迎えるのである。

「死は（動物にとって）エントロピー最大の状態である」

といわれるが、まさに言い得て妙である。

宇宙に目を転じてみれば、星が水素などの元素を燃やすと「外に拡がろうとする」圧力が生まれるのだが、これがエントロピー増大へとつながる。その意味で、星の燃焼は「エントロピーの力」と呼ぶことも可能だろう。それに対して、星の質量によって「まとまろう」とする重力は、エントロピーに抗する働きをする。

星の一生は、エントロピー力と重力の鬩《せめ》ぎ合いとして記述することができる。

それどころか、宇宙そのものも、宇宙全体の質量による重力とエントロピー増大の果てしない戦いの場としてとらえることが可能だ。現在では、宇宙の長期的な運命は、「永遠の膨張」だといわれている。これは、最近の観測によって明らかになってきた。

そもそも、宇宙が「乱雑」になろうとする原因がどこにあるのか、今のところわかっていない。

コラム　宇宙についてわかっていること

宇宙について2004年春の時点で精確にわかっていることを箇条書きにしておこう。

1　宇宙の膨張速度をあらわすハッブル定数は約72 km/s/Mpcである

2　宇宙の年齢は約137億年である

3　宇宙の物質密度は約4パーセントが物質であり23パーセントがダークマターであり残りの73パーセントがダークエネルギー（=宇宙定数）である

4　宇宙は平坦である

アメリカの観測衛星WMAP（ダブル・マップ）が集めた観測結果が2003年に発表されて、われわれの宇宙の「数字」が非常に高い精度で確定した。

ちょっと解説が必要だろう。

1に出てくるMpcは天文学者がつかう距離の単位で「メガ・パーセク」と発音する。パーセクは約3・26光年である。メガは100万なのでメガ・パーセクは約326万光年ということになる。光の速さで300万年以上かかる距離だ。

ちょうど太陽系のお隣の星であるケンタウルス座α星までが4光年ちょっとなので、パーセクは、まあ、おおまかに「星と星の間の距離」と憶えておいてかまわないだろう。

その100万倍のメガ・パーセクは、われわれの銀河のお隣さんのアンドロメダ銀河が約230万光年（＝0・72メガ・パーセク）なので、やはり、おおまかに「銀河と銀河の間の距離」と憶えておけばいい。

メガ・パーセク　＝　銀河と銀河の距離

ハッブル定数に距離をかけてやると速さ（km／s）になる。だから、たとえば、地球から見たアンドロメダ銀河の後退速度は、

72 km/s/Mpc×0.72 Mpc＝52 km/s

ということになる。

これがお隣の銀河の速度である。（ちなみに、地球から打ち上げられるロケットは11km／sちょっとである）

では、お隣の星の後退速度がどうなるかであるが、だいたい、このような値の100万分の1になるので……ほとんど静止している感じでしょうか。

宇宙は全体として引き伸ばされて膨張しているので、遠くにいくほど後退速度が大きくなるわけだ。逆にいえば、太陽系や銀河そのものの大きさは、ほとんど不変ということだ。

宇宙にある物質密度がちょうどいい（＝1）と宇宙は平坦であり、物質がありすぎると重くなって（重力が勝つので）宇宙は閉じた球のようになり、物質が少なすぎると軽すぎて（重力が負けてしまうので）宇宙は開いた馬の鞍のようになる。

宇宙はビッグバン直後は灼熱の溶鉱炉のような状態だったのだが、その後、膨張を続けて冷えたため、大昔の溶鉱炉の名残は宇宙に漲《みなぎ》るマイクロ波として観測される。（溶鉱炉の中の光子の波長が宇宙の膨張にともなって引き伸ばされてマイクロ波になった！）

そのマイクロ波の「ゆらぎ」を見ることによって、原初の溶鉱炉の恰好が平らだったのか球のように丸かったのか馬の鞍のように曲がっていたのかがわかる。観測の結果、宇宙の恰好は厳密に「平坦」であることがわかった。

宇宙が平坦だとすると、早い話が、宇宙に存在する物質の密度がちょうどいい（＝1）にちがいない。

ところが、いくら観測してみても足りないのである。物質密度は、4パーセントくらいにしかならない。

そこで、残りの96パーセントがダークマターやダークエネルギーということになる。

今のところ、ダークマターやダークエネルギーの正体は不明だが、驚いたことに、超ひも理論に登場する「ブレーン世界」という新概念がすべてを説明する、という主張があるのです。（第3章の「超ひも理論と新しきブレーン世界」をご覧ください）

「時間の矢」があると感じる第二の理由は量子力学にある。

時間の矢を感じる理由2　量子力学から古典力学への移行は一方通行である

この第二の理由は、日常生活からは縁遠いので、どちらかというと物理学に近いところにいる人間だけにとっての理由かもしれないが、それでも重要な理由にはちがいない。

量子力学にしたがう物体は「波」の性質をもつ。粒子であっても量子の領域にあれば波動性をもつのである。いいかえると「干渉」するのである。(「干渉」とは波が強め合ったり弱め合ったりして文字通り干渉すること)

最近の知見によれば、たとえば、そのような量子の温度を上げると次第に干渉性が失われて、しまいにはふつうの古典的な粒子になってしまう。その理由としては、温度が高くなって周囲と相互作用するから、と考えられているが、これは、つまり、

「周囲に情報を失う」

ということである。温度が高い量子は、周囲に(光子などを)放射する。放射は「情報」を運ぶから、元の量子は徐々に情報を失うのである。すると、しまいには古典的な粒子になってしまうのだ。

このような量子が古典粒子になる過程は常に一方通行であり、逆さまにすることはできない。そして、時間が経つにつれて、放置しておかれた量子は周囲の環境と相互作用して、量子の特徴である干渉性を失うのである。

これが「時間の矢」を感じる2つ目の理由だ。

実をいえば、この二番目の理由も、「情報」という切り口から見れば、エントロピーとの関連を論じることができる。なぜなら、情報はエントロピーの符号を反対にしたものとして定義されるからだ。(これはコンピューター科学では常識である!)

つまり、「エントロピーが増大する過程」は、「情報が失われる過程」といいかえることが可能なのだ。

量子力学における「時間の矢」については、長年、「観測問題」として解決が不可能であるかのように考えられてきたが、少なくとも、ここ数年の実験精度の向上を見ているかぎり、周囲へ情報が失われる過程として理解できるように思われる。

だとすれば、われわれは、

時間の矢＝情報が失われる過程

を感じていることになる。

もっとも、こういったからといって、その原因を特定したことにはならない。エントロピーを「情報」といいかえただけのことである。

エントロピーにせよ、情報にせよ、それが時間とどう関係するのか、それが宇宙からくるのか、素粒子レベルからくるのか、よくわかっていない。

エントロピーと情報の関係は、実は、超ひも理論と深い関係にあるブラックホールにおいても「情報パラドックスの問題」として注目を浴びている。（第3章のコラム「ブラックホールの情報パラドックス」をご覧ください）

なお、「時間の矢」があると感じるのは、もしかすると、時間が1つしかないせいかもしれない。われわれがものごとの推移を逐一、記憶や記録といった方法によって「追う」過程が（少なくとも各人、各観測装置にとって）1つに限られているからかもしれない。

もしも時間軸が2つあったらどうなるだろうか？

そうしたら、われわれは、どちらの時間をつかえばいいのだろうか？

あるいは最初から時間がなかったとしたら？

4つ目の方向である過去と未来の可能性（＝時間軸の数）が1つでなかったとしたら、宇宙はどうなるのだろうか？

この問題については、このあと、「それでも時間は1つしかないのか？」でふたたび立ち返ることにしたい。

コラム　サッカーボール形の量子が粒子になるとき

いったいどこからが量子でどこからが古典粒子かという問題は古くからある。

たとえば、大きいと古典粒子で小さいと量子だとか、温度が高いと古典粒子で低いと量子だとか、いまひとつハッキリしなくて気持ちが悪い。

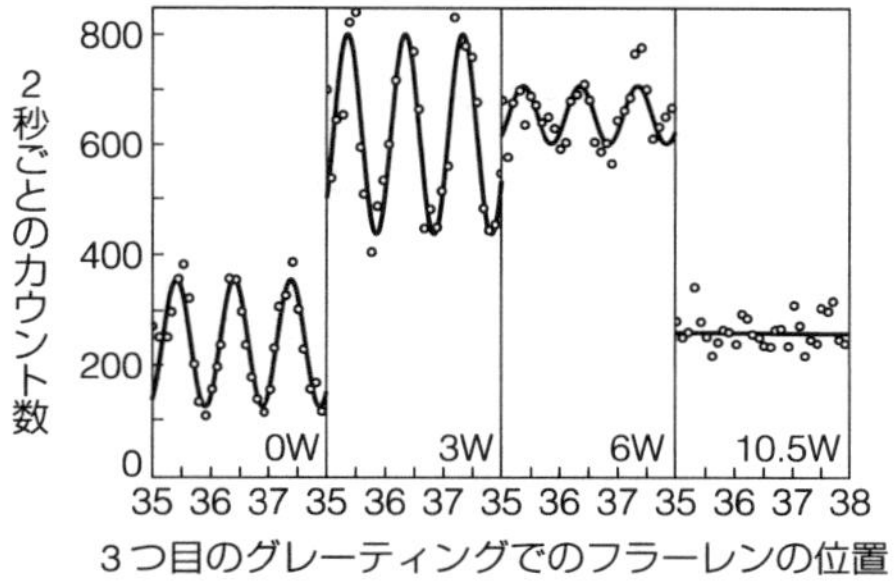

図27　「情報」が熱として逃げると量子でなくなる

・0 Wから10.5 Wまでの4段階で分子を熱している
・山と谷があるのが「干渉パターン」
・6 W、10.5 Wになるにしたがい干渉が失われているのがわかる
・「波」としての干渉効果を測るために、熱せられたフラーレンはスリット(実際はたくさんのスリットがあいた「グレーティング」と呼ばれるもの)を3回通過させられる
(「ネイチャー」2004年2月19日号より)

実際には、(私見では)この問題には理論的な決着はついていて、デコヒーレンス理論というもので古典粒子と量子の境が説明できる。(いろいろなバリエーションがあって、日本では町田-並木理論としても知られている)

コヒーレントは「足並みがそろっている」というような意味であり、実際、量子が「波」として足並みそろえて行進しているようなイメージだ。

ある程度以上、系の大きさが大きくなったり、温度が高くなると、量子の行進が乱れてしまう。そういう状態をデコヒーレントと呼んでいる。

最近、この分野で画期的な実験が行われたのでご紹介しておこう。

量子物理の奇妙な法則が我々の日常世界とどのように関係しているかが段々正確にわかってきた。(中略)M. ArndtたちはC_{70}分子を加熱し、分子が冷却する間にいくつか並んだ格子の中を通過させた。約700℃以下のとき分子は量子法則に従う。すなわち、分子は波のようにふるまうため、この格子のどこを分子が通過したか正確にいうことができない。しかし、1700℃以上に加熱すると、分子の熱損失から分子位置を知ることができるようになり、量子的な挙動から通常の古典的な挙動への変化が徐々に起こる。(「ネイチャー」2004年2月19日、427号、「今週のハイライト」より)

要するにサッカーボールの恰好をしたフラーレン分子が量子的にふるまうかどうか、いいかえると波の不確定性や干渉効果を示すかどうかを温度を変えて測ったのである。その結果、冷たいうちは量子だが、熱くなると古典粒子になって干渉が失われることがわかったのだ。

これは、熱放射が増えると外部に洩れる情報が多くなって、居場所が特定されてしまう、ということを意味する。居場所が特定できるということは、不確定性や重ね合わせという量子の特徴が失われて、古典粒子のようにふるまうようになる、ということだ。(図27「情報」が熱として逃げると量子でなくなる)

アインシュタインの机にしまわれた5次元理論?

超ひも理論は高次元の物理理論だが、最初のシリアスな高次元理論は、数学者のテオドール・フランツ・エデュアルト・カルーツァ(1885—1954)によって1919年に提唱された。彼はアインシュタインに自分のアイディアを記した手紙を書いたのである。それに対するアインシュタインの返答は、こんな具合だった。

（統一理論を）5次元の円筒世界によって行うというアイディアは私には思いもよりませんでした……私は一目であなたのアイディアが大好きになりました。（竹内訳）

その後、1921年にアインシュタインの助けを借りて論文は世に出た。カルーツァの論文が長い間、アインシュタインの机にしまわれていた、という逸話は有名だが、カルーツァというのは、かなりユニークなキャラクターだったらしい。

ケーニヒスベルク大学で数学を修めたあと、引き続き私講師として大学に残ったのだが、待てど暮らせど正講師の椅子が回ってこない。私講師というのは、大学から給料が出ずに、出席する学生からのお駄賃で暮らす不安定な身分なのだが、カルーツァは、実に20年もの長きにわたって私講師をやっていたのである。

要するに大学からはダメ男の烙印を押されていたのだ。

だが、そんな風采の上がらない万年私講師の頭脳は、実はピカ一だった。世間から理解されずとも、天才カルーツァはひたすら研究を続けていたのだ。

カルーツァは、アインシュタインの4次元の重力理論を5次元へと拡張することにより、なんと、マクスウェルの電磁気学と重力を統合しようと考えていたのだ。

実際、カルーツァの主張は（少なくとも数学的には）正しいことが現在ではわかっている。空間の次元を1つ増やして、4次元の時空を5次元時空にすると、なんと、その余分な5次元目から電磁場がでてくるのだ。

カルーツァの主張　5次元目の重力場を4次元から見ると電磁場に見える

ただし、カルーツァの理論に対しては、すぐに素朴な疑問が思い浮かぶ。

「その5次元とやらは、いったいどこにあるのだ？」

そう、われわれは3次元の空間と（目には見えないが感じることのできる）時間しか知らない。だから、アインシュタインが時間方向も含めて「宇宙は4次元だ」といったときでさえ、周囲から理解されるのに時間がかかったのである。

それなのに、カルーツァは、その4を5に増やせ、といっているのだ。

1つの考えは、5次元目はプランク長さほどまで小さく丸まってしまって、目には見えないし観測にもかからない、と主張することだ。

この考えは、現在の超ひも理論にも適用される。余分な次元の重力場から始めて、その余分な次元を丸く巻き上げてしまう。すると、まるで魔法のごとく、われわれが観測している電磁場や弱い力や強い力が出てくるのだ。ただし、電磁場だけでないために、余分な次元も1つではなく、もっとたくさん必要になるのだが——。

カルーツァの息子の回顧によれば、ピカ一の万年私講師だったカルーツァは、いろいろな特技の持ち主だったらしい。

彼は15以上の言語を勉強しました。それにはヘブライ語、ハンガリー語、アラビア語、リトアニア語が含まれていました。彼には鋭いユーモアのセンスがありました。彼は、あるとき、理論の知識の力を示してみせたことがあります。まったく泳げなかったにもかかわらず、水泳の教則本を読んで、初めて水に入って、その場で泳いでみせたのです。(この離れ業をやってみせたとき、彼はすでに30歳を越えていました)

(Dictionary of Scientific Biography, New York, 1970—1990　竹内訳)

コラム

高次元物理学の先駆者たち

実は、カルーツァの前にも高次元をつかって重力と電磁気を統一しようとした人物がいた。フィンランドの物理学者グンナール・ノルドシュトレーム（１８８１－１９２３）である。彼の論文は１９

13年に出た。カルーツァの論文に先立つこと8年である。だが、彼はアインシュタインの重力理論ではなくスカラー重力という別の理論を用いたため、せっかくの高次元を導入するアイディアは、学界から忘れ去られてしまった。

その後、カルーツァの理論が世に出たわけだが、本節でご紹介したように、カルーツァ自身のアイディアも、あまり学界からは高く評価されなかった。

カルーツァの原論文を読んでみると、5次元の重力場から電磁場を導く際に、

1　場が弱い

2　速度が遅い

という2つの条件が課されていることがわかる。

ストックホルム大学教授だったオスカー・クライン（1894―1977）は、このカルーツァが仮定した2つの条件が不必要であることを示して、5次元理論を確立したので、今では高次元の物理理論は「カルーツァ-クライン理論」と呼ばれるようになった。

ノルドシュトレームとカルーツァとクラインの5次元理論は、超ひも理論の「おじいさん」のような立場にあるのだ。

プランク長さの世界

さて、ここで重要な概念を１つご紹介いたしましょう。

カルーツァの理論にも登場したが、高次元の物理学に欠かせないのが「プランク長さ」と「プランク・エネルギー」だ。この２つは互いに連動していて、物理学の基本定数の組み合わせからつくることができる。

物理学では基礎理論が未知（または未完成）の場合でも、その問題に関係するであろう物理定数を組み合わせて、おおまかな「理論の特徴」を推測することができる。よく「特徴的な長さ」(characteristic length) などという言葉が教科書にでてくるが、まさに理論の「キャラクター」をあらわす長さやエネルギーのことである。

量子重力理論の第一候補は超ひも理論だが、この理論に深く関係する物理定数は、次の３つだと考えられる。

1　光速度 c（相対論）
2　プランク定数 h（量子論）
3　ニュートン定数 G（重力理論）

この３つを掛け合わせたり割ったりして平方根をとったりすれば、長さやエネルギーの単位をもった量をつくることができる。数式は付録に譲るが、結果は、次のようになる。

プランク長さ＝約０・００００００００００００００００００００００００００００００００１
センチメートル

これだと冗長で、毎回ゼロをたくさん書くのも数えるのも一苦労なので、略して「10のマイナス33乗センチメートル」と呼ぶ。マイナス33乗というのは、早い話が小数点以下に33桁ある、という意味である。

これがだいたい「ひもの長さ」というわけである。

次に、エネルギーの単位をもった量は、だいたい、

プランク・エネルギー　＝　１０００キロワット時

になる。ええと、これは、

「１００ワットの電球１００個を１００時間つけつづけるのに必要な電力」

ということだ。

ひとつの超ひもがもっているエネルギーとしては、かなり大きいことがおわかりいただけるだ

ろう。

このプランク・エネルギーは、ひもの（振動や並進の）エネルギーの目安になる。

といってもイメージが湧かないかもしれないので、これを重さに換算してみよう。「プランク重さ」に変換するには、（巻末の補足１に出てくる）アインシュタインの関係式（$E=mc^2$）を用いてやればよい。重さはエネルギーを光速の２乗で割ったものなのである。１０００キロワット時に相当する重さは、

プランク重さ　＝　約０・００００１グラム

になる。これは、たとえば室内の１立方メートル内に漂っている接着剤系の化学物質や、煮魚を食べたときに含まれる有機水銀の量と同じ。つまり、化学物質の重さの程度なのである。

ひも１本は、化学物質の分子と比べて凄く小さいのだから、これは、ひも１本あたりとしては、信じられないほどの重さということになる。

図28　世界最大の粒子加速器
「大型ハドロン衝突器」はジュネーヴ郊外にある
Ⓒ copyright CERN

コラム　いろいろな単位

「ワット時」という単位がでてきたが、これは、もちろん「ワット」に「時間」を掛けたものである。ちなみに「ワット秒」は「ジュール」と同じであり「kgm^2/s^2」と書くこともできる。１時間は３６００秒なので、ワット時は３６００ジュールということになる。

だが、高エネルギー物理学者は、「１０００キロワット時」のことを「10の19乗ギガ電子ボルト」と呼ぶ。「ギガ」は10億のことであり「電子ボルト」は電子を１ボルトの電圧で加速してやったときのエネルギーだ。

いろいろな人がいろいろなエネルギーの単位をつかっていて混乱するが、みんな自分たちが実験をするときに便利な単位をつかっているわけだ。

高エネルギー物理学の実験では、粒子加速器というものを用いるが、元々は電子を加速していたので、今でも電子を1ボルトで加速したときに電子がもつ運動エネルギーが基準になっているのである。（図28　世界最大の粒子加速器「大型ハドロン衝突器」はジュネーヴ郊外にある）

10次元と26次元とキス数の深い関係

次元の数学を勉強していると、特別な次元が存在することに気がつく。

われわれは、何気なく、1次元を2次元に、2次元を3次元に、という具合に軸の数を増やしていくだけで、なんの変化もないと考えてしまうが、数学というのは、そんなに底が浅いものではない。

そして、おそらく、数学によって記述される物理宇宙も、それなりに複雑な構造をしているにちがいない。

さて、ここで質問です。

問い　あなたは同時に何人の人とキスができますか？

答え　（2次元人）6人
（3次元人）12人

（4次元人）24～25人
（5次元人）40～46人
（6次元人）72～82人
（7次元人）126～140人
（8次元人）240人

なんだろう、これ。

実は「あなた」というのは「単位球」のことである。単位球とは、その名のごとく半径が1の球のことだ。2次元の単位球は半径が1の円だし、3次元の単位球は半径が1の球だ。4次元より高い次元では一般化された球を考える。

それで、「キス」というのは、

「自分の周囲に単位球を何個くっつけることができるか？」

という意味である。

2次元の場合、図のような紋章を思い浮かべれば一目瞭然だが、自分の周囲に6個の円をくっつけることができるから、

「2次元のキス数は6個」

ということになる。（図29　2次元人は同時に6人とキスができる）

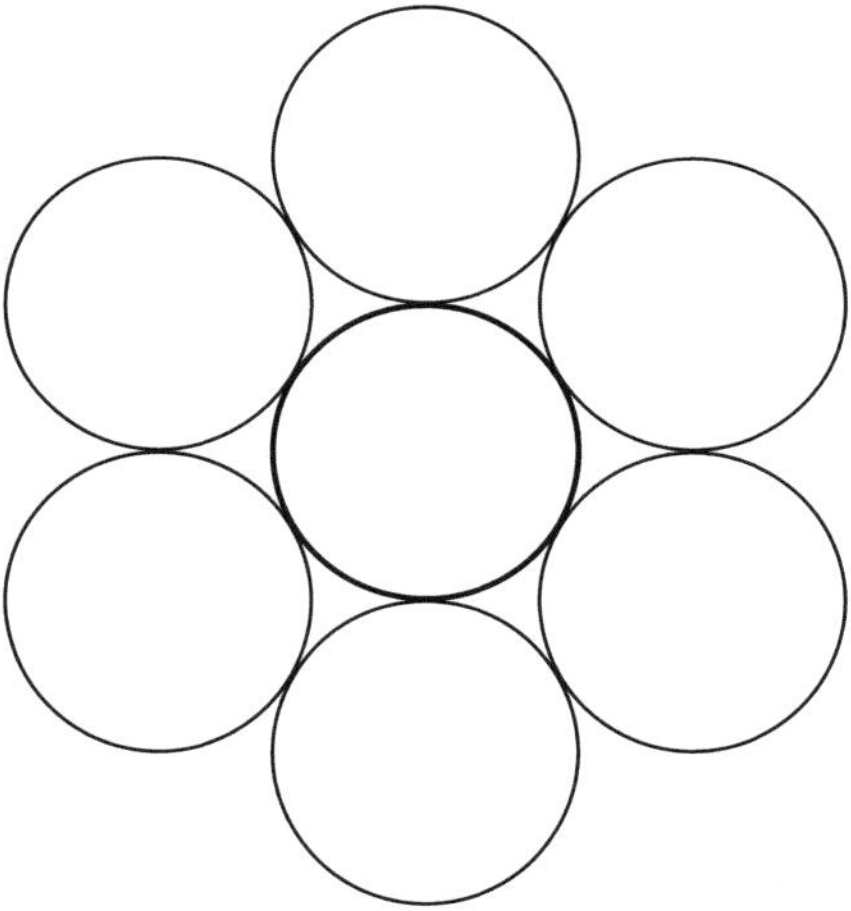

図29　2次元人は同時に6人とキスができる

3次元の場合は、ピンポン球の周囲に12個までしか同時に球がくっつかないから、

「3次元のキス数は12個」

ということになる。

現代数学の発展は凄まじいが、にもかかわらず、4次元から7次元までのキス数は精確な計算ができていない。

ところが、

「8次元のキス数は240個」

であることが判明している。

実は、キス数の計算は一般に物凄く大変で、たとえば3次元のキス数の計算に人類は200年かかっている。もともとかのアイザック・ニュートンとデヴィッド・グレゴリーが、1694年に、ニュートン「林檎《りんご》の廻りには12個しか林檎をくっつけることはできない」

図30　2次元人の周囲には隠れた格子がある

グレゴリー「隙間があるではないか。巧く寄せれば、もう1個入るかもしれんぞ」

という大論争（？）をやったのが始まりだ。そして、驚いたことに、259年後の1953年になってシュッテとファン・デル・ヴェルデンの証明が出るまで、その完全な決着はつかなかったのである。

簡単な問題のように思われるが、なぜ、こんなに時間がかかったのだろう？

2次元のようにすぐに目に見える場合は別にして、3次元以上になると、キス数を計算する一般的な方法は存在しないのである。

ところが、数学とは不思議なもので、8の倍数の次元には、キス数の計算を容易にするような特別な格子が存在するのである。格子といってもイメージしにくいかもしれないが、たとえば2次元の場合だったら、円の周囲に図のような格子があって、その格子点に円の中心を載せればいいので、キス数の計算ができる。（図30　2次元人の周囲には隠れた格子がある）

3次元のキス数の計算が困難を極めたのは、このような便利な格子が3次元には存在しないからなのだ。

なんで関係のないキス数になんぞ脱線しているのか？

読者は訝しく思われるかもしれないが、ここには次元の深い秘密が隠れている。そして、キス数が一発で計算できることと超ひもが棲んでいる次元とは数学の奥深いところで関係している。

8次元と24次元におけるキス数が判明しているのに、3以上の他の次元ではダメなことは少し驚きである。実はこの2つの数（それぞれ240個と196560個）は3次元の結果よりも技術的には容易に確定できるのだ。これは一部には、この2つの次元においては、配置がただ一つに決まるからなのだ。240個の8次元球を真ん中の球の廻りに置く方法はE8格子におけるものしかないし、同様に、24次元においては、配置方法はリーチ格子の2つの鏡像形のどちらかしかないのである。

（『球パッキング、格子と群　第2版』コンウェイ、スローン著（Springer-Verlag）22ページ、竹内訳）

次元	キス数の下限と上限	次元	キス数の下限と上限
1	2	13	1130－2233
2	6	14	1582－3492
3	12	15	2564－5431
4	24	16	4320－8313
5	40－46	17	5346－12215
6	72－82	18	7398－17877
7	126－140	19	10668－25901
8	240	20	17400－37974
9	306－380	21	27720－56852
10	500－595	22	49896－86537
11	582－915	23	93150－128096
12	840－1416	24	196560

図31　キス数の一覧表

これは冗談でもなんでもないのである。

実際に、8次元と24次元は、ひも理論とはまったく別の数学分野で「特別な次元」であることが判明しているのだ。

ちょっと補足が必要だろう。

8次元は超ひもが棲んでいる10次元に2次元足りない。同様に24次元はボソンひもが棲んでいる26次元に2次元足りない。この2次元は、実は、「ひもの方向」と「時間の方向」なのである。

つまり、10次元の超ひもは8次元方向にしか振動できないし、26次元のボソンひもは24次元方向にしか振動できないのである。

難しくいうと、8と24は、10次元の超ひもと26次元のボソンひもの「自由度」なのである。

もっとイメージ的にいうのであれば、10次元の超ひもと26次元のボソンひもは、それぞれ、8次元と24次元の方向しか「キス」できないのであるが、その「キス数」はすぐに決まるのである。なぜなら、8次元と24次元にだけ、特別な格子が存在するからである。
そういった数学的に特殊な次元にだけひもが棲んでいるというのは、なんとも神秘的だと思うが、いかがだろう？（図31　キス数の一覧表）附記：4次元のキス数は2003年に確定した。

コラム　ムーンシャイン予想

実は、ここでの10次元と26次元の説明は、あくまでも説明であり「証明」ではない。物理的なひもが棲むことのできる次元と数学的に特別な格子の存在する次元が一致しているのは事実であり、実際、そのような格子は超ひも理論の計算にも頻繁に登場する。

だが、超ひも理論が矛盾なく定義できる次元は、きちんと計算して証明しないといけないのであって、キス数の直感的な説明は、あくまでも理解を助ける方便にすぎない。

ところで、キス数や格子の数学を勉強していると「モンスター群」という恐ろしい数学的な生き物に出会うのだが、それが「モジュラー関数」という（どう見ても）関係なさそうなものとつながっている、という予想があった。モンスターをモジュラーが照らしているのか、その逆なのかは知らないが、このつながりを称して「月光《ムーンシャイン》予想」という。

身近な例から一般化して考えることにしよう。

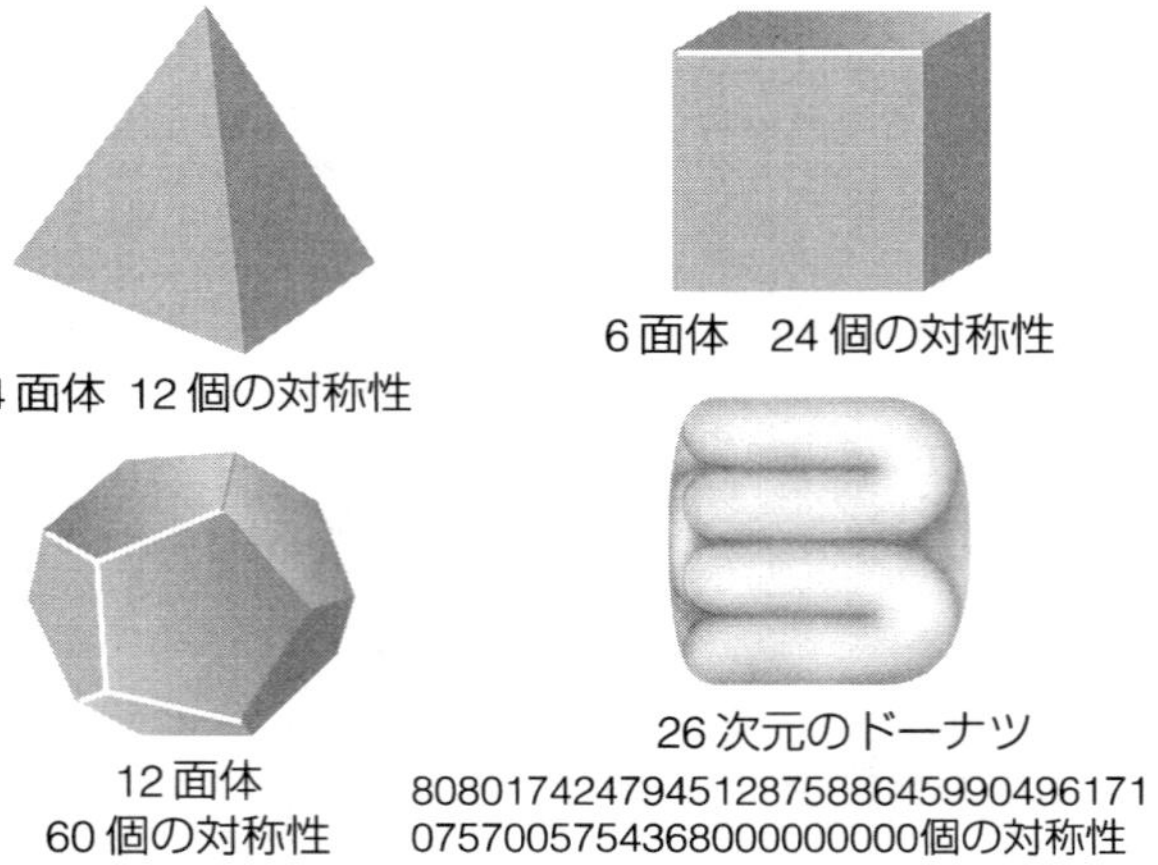

図32　26次元がすべて丸まったドーナツ世界
（「Scientific American」1998年11月号より改変）

ピラミッドを回転させて元に戻すのには12個の対称性がある。あるいは、角砂糖の場合だと24個の対称性がある。

ピラミッドや角砂糖と同じような、もっと大きな対称性があって、その対称性がモンスター群によって記述されるのである。

なぜモンスターと呼ばれるかといえば、その対称性の数が尋常ではないからだ。12個とか24個などかわいいもの。モンスター群の要素の数は、なんと、

808017424794512875886459904961710757005754368000000000個

もあるのだ。実に54桁である！

モジュラー関数というのは、早い話がドーナツの上に棲んでいる関数のことだ。ひも理論の計算に頻繁に出てくる代物である。

それで、もうおわかりのように、ひも理論をつかって、たしかに「月光が照らしている」ことを証明した人がいるのだ。その人は現カリフォルニア大学教授のリチャード・ボーチャード（1959―　）という名前の数学者で、ケンブリッジ大学にいるときに計算を完成させた。

なんと、モンスター群は、26次元全体が丸まったドーナツ形の宇宙の対称性だったのだ。

モンスター群は26次元のひも理論から出てくる

というわけで、純粋数学の世界の偶然は、ひも理論と密接に関連しているのだ。（図32　26次元すべてが丸まったドーナツ世界）

11次元の面から10次元のひもが飛び出す手品

超ひも理論は10次元の理論だとばかり思っていたら、最近は、11次元になっているらしい。

「どうして10から11に増えてしまったのだろう？」

そんな素朴な疑問をお持ちの読者もいらっしゃることだろう。

その謎はおいおい明らかになるが、まずは、単純に10次元から11次元目を「開く」方法を考え

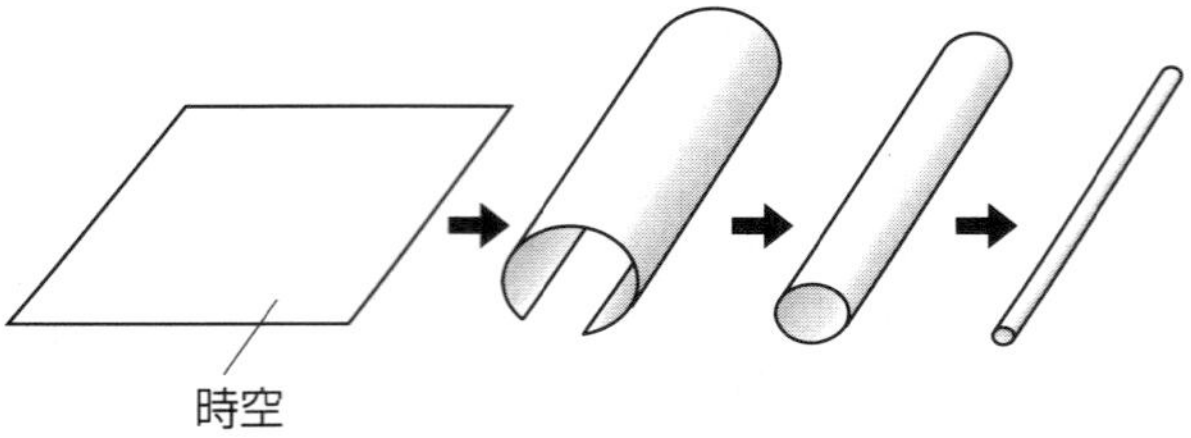

図33　次元を丸めてしまう方法
（「Scientific American」1998年2月号より改変）

てみよう。

いや、本当は11次元目が隠れていて見えなかった、ということらしいので、11次元から始めて10次元にしてみよう。

簡単である。1枚の紙を用意する。この紙は本当は2次元だが、11次元のフリをする（あるいは11次元のうちの2次元をスライスして断面を見ているのだと考えてもらってもよい）。紙の一端からクルクルと巻いてしまう。きつく巻いてしまうと、紙は1本の棒のようになってしまう。つまり、2次元の紙が1次元の線になってしまったのである。元の次元数を思い出せば、これは、11次元のうちの1次元が丸まった結果、10次元になった、ということである。（図33　次元を丸めてしまう方法）

もっとも、視力の弱い人にとっては、1次元の線にしか見えないが、ルーペで拡大してみれば、これは、円筒にほかならない。円筒は、1次元の線の「各点」に円が載っているのだと考えることができる。

この1次元の線のことを「大きな次元」と呼び、丸まってしまった1次元の円のことを「余分な次元」と呼ぶ。

余分な次元が2次元だとすると（丸まった2次元は球やドーナツなので）大きな1次元の各点に球やドーナツがくっついた図になる。

同様に大きな次元を2次元として描くと、地図の各点に球やドーナツが載った図になる。（図34　大きな次元と余分な次元）

ここまでは単なる次元の話である。

問題は、超ひもは10次元という特別な数の時空に棲んでいると強調したにもかかわらず、どうして11次元でもいい、という話がでてきたかである。もしも次元が丸まっていさえすればいいのであれば、12でも13でも、いくらでもかまわないではないか！

いや、実は、時空が11次元になったとしても、超ひもは、依然として10次元に棲んでいるのである。

この辺の事情を見るために、ふたたび2次元の紙から始めよう。

だが、今度は、紙の上に折り紙をおいておく。この折り紙は、超ひもの親戚の「ブレーン」だと思っていただきたい。

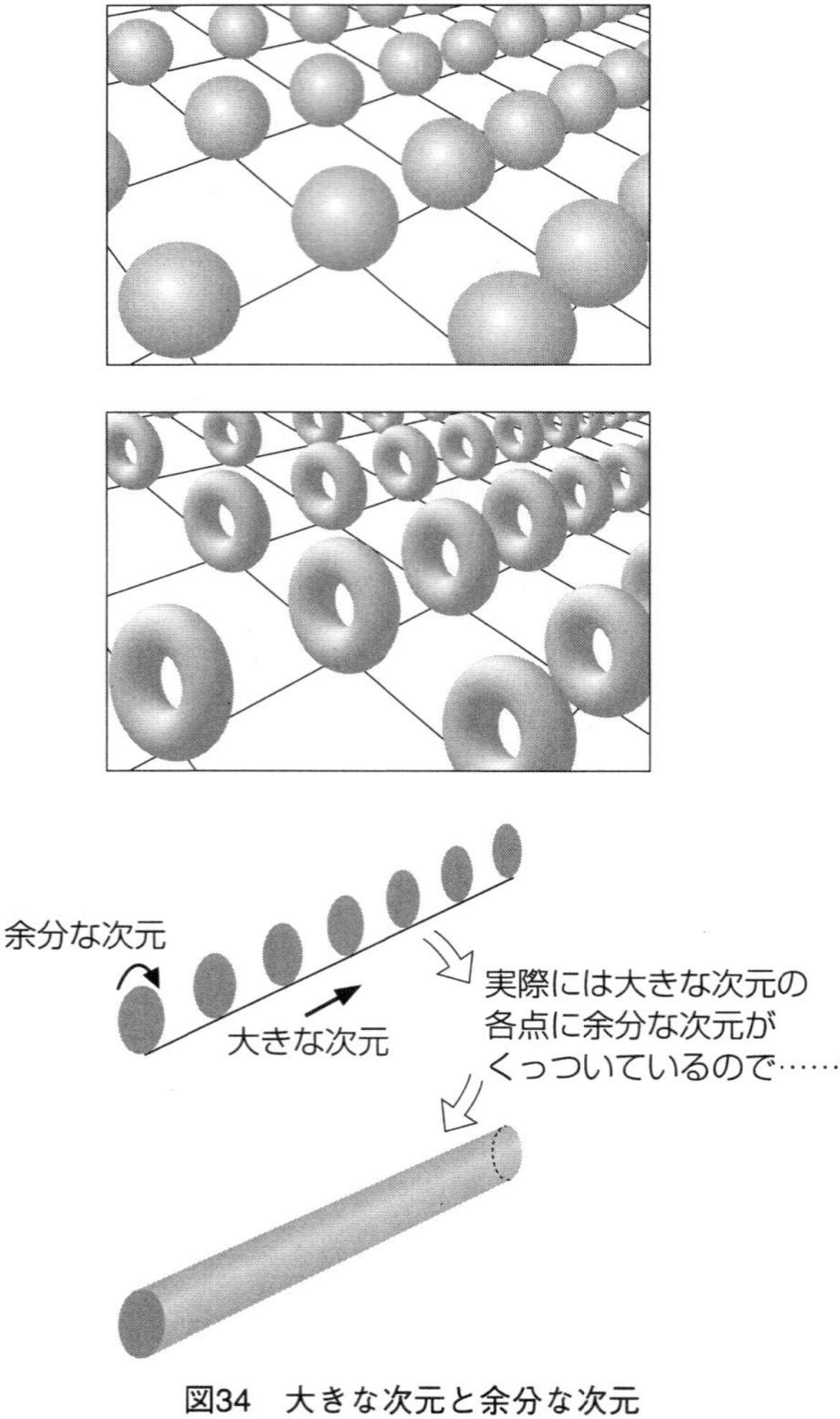
余分な次元
大きな次元
実際には大きな次元の
各点に余分な次元が
くっついているので……

図34　大きな次元と余分な次元
（ブライアン・グリーン著『エレガントな宇宙』より改変）

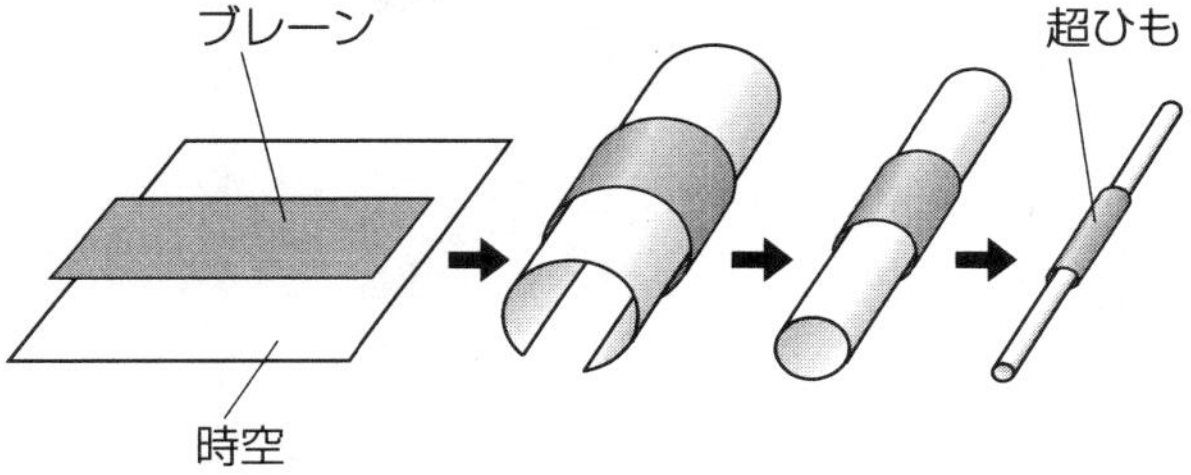

図35　ブレーンが丸まると超ひもになる
（「Scientific American」1998年2月号より改変）

2次元の紙　＝　11次元時空
折り紙　　　＝　ブレーン

さきほどと同じように紙をクルクルと巻いてしまう。今度は折り紙ごと。

すると、さきほどと同じように紙の次元は1つ減ったが、折り紙のほうはどうなっただろうか？次元に巻き込まれて線になってしまいましたね？

線、すなわち「ひも」である。

冗談みたいな話だが、これはれっきとした物理学の話なのである。11次元のブレーンは、次元が1つ丸まって10次元になると、超ひもになるのだ。（**図35**　ブレーンが丸まると超ひもになる）

2次元の紙　＝　11次元時空　→　10次元時空

折り紙　＝ブレーン　→　超ひも

というわけで、どうやら、超ひも理論が10次元でしか整合性が保たれないことと、11次元の理論が存在することとは矛盾しないらしい。

なお、ここにでてきた11次元理論には「M理論」という名前がついている。M理論の低エネルギー近似を「11次元超重力理論」という。

コラム　カムバックを果たした11次元超重力理論

超重力理論はアインシュタインの重力理論に超対称性（巻末の補足2「『超』とはなんだろう？」をご覧ください）を組み込んだ理論で、一時は究極理論の有力候補と見なされたが、計算の途中に無限大がでてきてしまうことがわかって、急激に廃れた。

超ひも理論に10次元という特別な次元が存在するのと同じように超重力理論にも特別な次元がある。超重力理論は4次元などでも定式化することが可能だが、なんと、最高が11次元なのである。（12次元以上の超重力理論は存在しない！）

私が大学院で超ひも理論の宇宙論を研究していた頃、超重力理論はすでに「失敗」の烙印を押されていた感があり、誰もが宇宙の本当の次元は11ではなく10だと信じていた。
だが、当時大学院で超ひも理論の宇宙論を研究していた私は、ウィッテンらの教科書にあった一節が気になって仕方なかった。それは、

「11次元から（われわれの棲んでいる）4次元を引くと7次元である。7次元あれば素粒子の標準理論の対称性を余分な空間の性質として導くことができる」

という内容だった。（2巻目、14・5節）

超ひも理論にとっては、これは、せいぜいニアミスというところである。われわれは6つの縮まった次元をもっているが、7つ必要なのだから。（『Superstring theory II』グリーン、シュワルツ、ウィッテン共著、ケンブリッジ大学出版、402ページ、竹内訳）

現在は宇宙の本当の次元は11次元だと考えられているのだから、振り返ってみれば、当時廃れていた11次元超重力理論のほうが、流行の寵児だった超ひも理論よりも「正しかった」のだともいえる。

それでも時間は1つしかないのか？

ここで素朴な疑問が脳裏をよぎる。

「高次元理論には、11次元もあるのだから、時間が2つ以上あってもいいのではないか？」

たしかに、4次元しかないのなら、そのうち時間が1つしかなくても不思議に感じられないかもしれないが、全部で11次元になったのに、それでも時間は1つでないといけないのだろうか？時間が2つ、3つあってもかまわないのではなかろうか？

それどころか、（少なくとも私には）空間は3つしか見えないので、11次元のうちの8次元は「時間」であってもいいではないか？

何か困ることでもあるのだろうか？

実は、困ることがあるのだ。

時間軸の数については、物理学者たちもいろいろな可能性を考えてきた。いまのところ、時間軸が1つでないと、さまざまな問題が生じることがわかっている。たとえば4次元時空において時間軸が2つになると、物理学の方程式は「予測不能」な状態に陥ることがわかっている。

それは、ありていにいえば、時間が2つあると、どちらの時間をつかって過去から未来への物理現象の推移を記述すればいいかわからなくなるからである。

もっと数学的な言葉をつかえば、物理学でつかわれる偏微分方程式では、時間軸が1つの「双曲型」と呼ばれるタイプでないと予測ができないのである。時間軸だけ、もしくは空間軸だけしかない場合、物理学の方程式は「楕円型」と呼ばれるが、その場合は予測ができなくなってしまう。

時間軸と空間軸の数については、ペンシルベニア大学教授のマックス・テグマークによる詳し

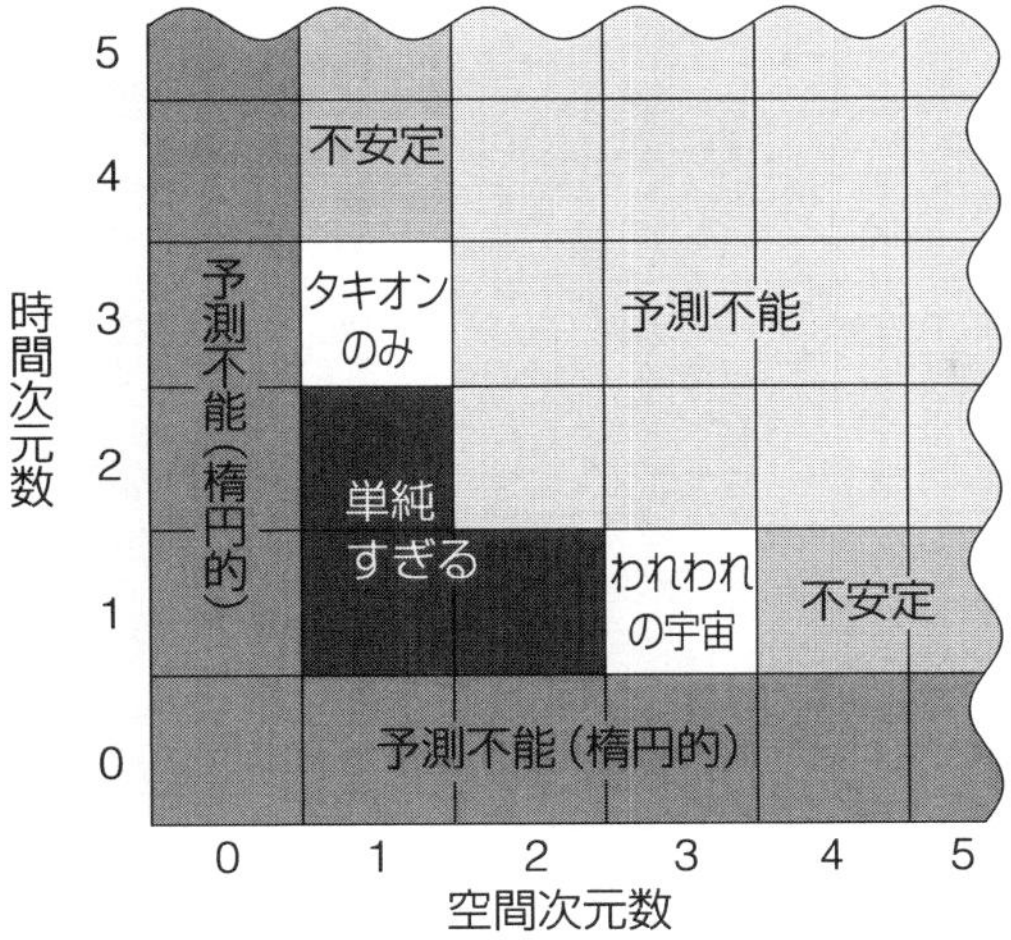

図36　さまざまな次元の安定性

い分析結果があるので、表をご覧いただきたい。
（図36　さまざまな次元の安定性）

テグマークは、われわれとちがう宇宙の可能性、すなわちマルチバースの可能性を探っている研究者だが、この表を見ると面白いことがわかる。

まず、2次元人の微小説のところでも少し述べたが、もともと低い次元の宇宙では高等生物のような「複雑な構造」が生まれにくいらしい（食道のような筒の構造もないのだから！）。それが「単純すぎる」という3つの欄である。

次に、全次元が時間、あるいは全次元が空間の場合、もはや時間と空間の区別も必要なくなるわけだが、物理現象が予測不可能になってしまう。精確にいうと、「初期」条件を指定してやって、その後の方程式の発展を見ることができなくなってしまうのだ。全次元が同じ性質をもつ場合には、その代わりに「境界」条件を課してやる必要がある。

たとえば万有引力の法則やクーロンの法則が逆2乗であるのは、空間が3次元だからである。(思い出していただきたい。電気力線のように源から力線が四方八方に出ている場合、遠くに行くと、力線が疎らになるのであった。その疎らになる度合いは、3次元の球面の面積が$4\pi r^2$だったから、その逆数の$1/r^2$、つまり逆2乗になるのであった)

たとえば、時間は1つだとして、空間が3次元から4次元になると、太陽と地球の運動は安定した楕円軌道を描くことがなくなってしまう。次元が1つ増えることによって万有引力の法則が逆3乗になるのだが、シミュレーションをしてみると、地球は太陽を素通りして無限遠に飛んでいってしまうか、もしくは、太陽に巻き込まれて消滅するかのどちらかになることがわかるのだ。これが、表に「不安定」と書いてある部分の意味である。

もっとも、太陽と地球という説明さえも適当ではないかもしれない。不安定な宇宙においては、そもそも、太陽や地球をつくっている部品である水素原子さえ安定的には存在しないのだから。

表の「タキオンのみ」という欄も面白い。

タキオンとは虚数の質量をもって時間を遡る粒子のことである(われわれの宇宙には存在しないと思われている!)。この欄は、われわれの棲んでいる「3次元空間 + 1次元時間」とは逆のパターンの「1次元空間 + 3次元時間」になっているが、まさに、われわれの世界の「質量が実数の粒子しか存在しない」という情況とは正反対に「質量が虚数のタキオンしか存在しない」という事態になってしまうらしい。

たとえば虚数の質量をもったタキオン粒子だけしか存在しなくなると、その間に働く重力は、2つの質量の掛け算に比例するのだから、引力ではなく斥力になってしまう（虚数掛ける虚数はマイナスの数であるから！）。世界から「引力」としての重力がなくなってしまうのだから、宇宙は不安定になるであろう。

11次元もあるのだから云々という問題と少し離れてしまったが、ここでの議論は、
「全ての次元が大きかったら」
という仮定で行っている。

結論としては、
「大きな時間次元は2つ以上あると矛盾が生じる」
ということだ。ただし、「小さな時間」の存在は完全に否定することはできない。

コラム

2つの時間があるとエネルギーはどうなるか？

空間内を進むことを運動という。だから「運動量」は空間の性質と深く関係している。それと同じ

で「エネルギー」は時間の性質と関係している。ありていにいえば、エネルギーは「時間内を進むこと」なのだ。

運動量 ＝ 空間内を進むこと
エネルギー ＝ 時間内を進むこと

運動量とエネルギーのほかにも、たとえば磁場と電場も、それぞれ、電磁場の空間成分および時間成分と考えることが可能だったりする。

磁場 ＝ 電磁場の空間成分
電場 ＝ 電磁場の時間成分

さて、運動量がx成分とy成分とz成分の3つあるのは、空間が3次元だからである。同様に、エネルギーが1つしかないのは、時間が1次元だからである。
それでは、もしも、時間軸が2つあったらどうなるか？
時間軸が2つになると、エネルギーも2つの成分をもつことになる。つまりエネルギーは数ではなくベクトルになるのである。

そんな架空の可能性を論じて何になる？

いや、実は、超ひも理論のコンテクストではハーバード大学のカムラン・ヴァファが提唱しているF理論というものがあり、それは11次元時空のM理論よりもさらに次元が増えて12次元時空になるのだが、なんと、時間軸が2つになっているのだ。

うーむ、物理学者たちは、いったいどこまで思考の可能性を追究し続けるのであろうか。

第3章　超ひも理論ルネサンス

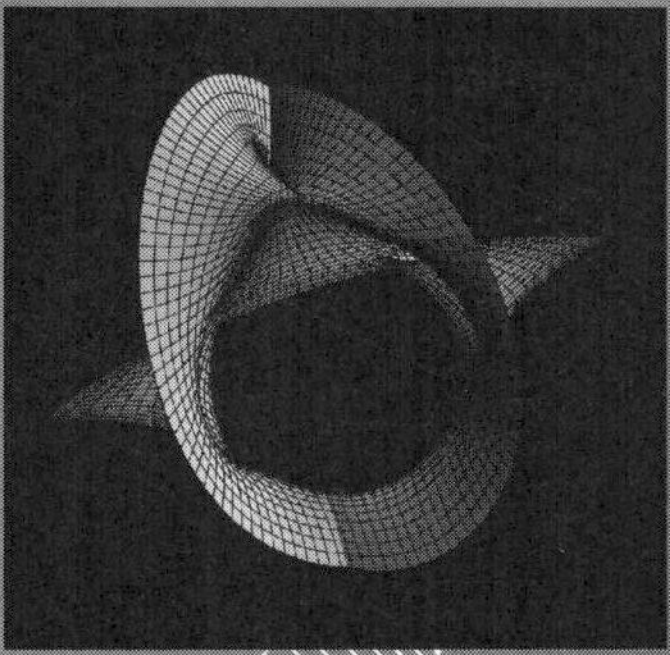

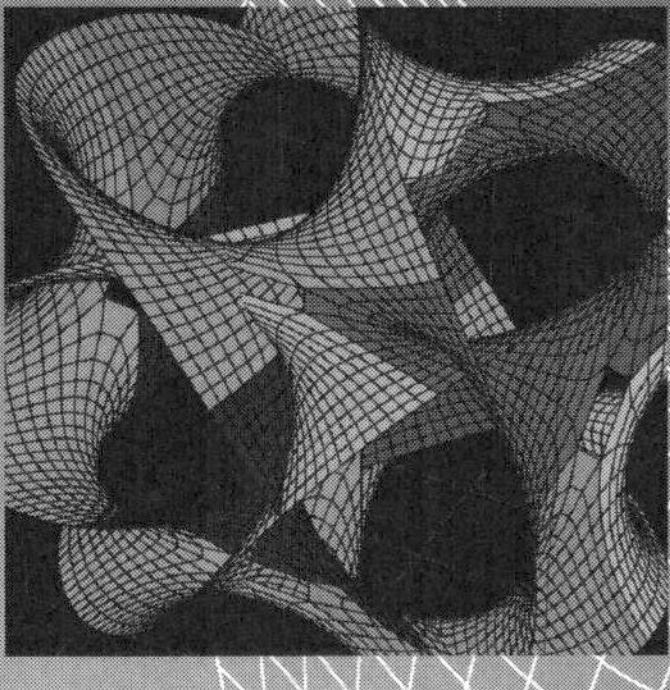

第3章

超ひも理論ルネサンス

＝この章の要点＝

第一次超ひも革命の立役者は10次元の超ひもであった。それは、一言でいえば、「超ひも理論は矛盾のない量子重力理論だ」という証明がなされたことだった。

それに対して、第二次超ひも革命の主役はDブレーンである。そして、その最大の成果は、「Dブレーンからつくったブラックホールはホーキングの計算と寸分違わず一致した」というものだ。それだけでなく、5種類あると思われていた超ひも理論がすべて「つながっている」ことが判明し、すべては11次元の未知の理論――M理論――の近似にすぎないことがわかってきた。

この一連の新展開を称して「第二次超ひも革命」と呼ぶ。

ルネサンスとはこれいかに？

ルネサンスとは、14世紀にイタリアから始まった「古典再生運動」のことである。暗黒の中世から脱するために人々が「再生」させようとしたのはギリシャ・ローマの明るく躍動感あふれる精神だった……などというのはステレオタイプで色褪せた歴史解釈にすぎないが……。

一世を風靡したギリシャ・ローマの文化が長い時を隔てて中世から抜け出ようとしていたヨーロッパにおいて再生する。

それと同じで、長らく世間から忘れ去られていた超ひも理論が、ふたたび理論物理学の花形として復活する。

超ひもルネサンスという言葉には、そんな意味がこめられている。

とにかく、超ひも理論が長い低迷の時期を経て、ふたたび脚光を浴びるようになったことだけはたしかである。

だが、いったい、なぜ、超ひも理論は「暗黒の中世」の時期を経験しなくてはならなかったのだろうか？　また、なぜ「ルネサンス」を迎えることができたのだろうか？

さまざまな理由が考えられるが、おそらく、

「超ひも理論は矛盾のない量子重力理論である」

というグリーンとシュワルツらの結果が、第一次超ひもブームの火付け役となって、世間の注目をひいたあと、10年もの間、これといって目を見張るような成果がでなかったのが「暗黒の中

世」につながったように思われる。

そもそも量子重力理論というのは、現代物理学の二大基礎理論である相対性理論と量子力学を完全に統合する理論なのであり、森羅万象を説明する究極理論なのである。ところが、待てど暮らせど、森羅万象を具体的に説明してくれる理論的な成果もでてこなければ、超ひもの存在を実験的・観測的にたしかめることもできなかった。

たとえば、現代物理学で実験的にその存在がたしかめられている素粒子の性質なども、異論の余地がないほどまでには（＝一意的に）超ひも理論から導くことさえできなかった。

それどころか、超ひもが棲んでいると目される10次元の時空にしても、われわれが知っている4次元時空以外の6次元が「どこにいってしまったのか」という素朴な問いにさえ、やはり、説得力のある説明は提出されなかった。

私の大学院での指導教官を始め、友人たちの多くは超ひも理論を研究していたわけで、研究者たちの名誉のために付け加えておくと、もちろん、彼らは、そんな情況を手をこまねいて見物していたわけではない。現場の研究者レベルでは、もちろん、理論の進展はあったし、たくさんのすばらしいアイディアも提出され続けていた。超ひも理論で「現実」を説明するための現象論的なモデルもたくさん発表されていた。

だが、当事者たちをのぞけば、超ひも理論の研究は、大多数の科学者や物理学者から、「わけのわからない世迷い事」

という烙印を押されかかっていたのである。

哀しいかな、それが現実である。

超ひも理論は、周囲から見れば、長い低迷の時期を送っていたのである。

さて、それでは、長期低迷を続けていた超ひも理論が突如「再生」したのはなぜであろうか？

それは、第一次超ひも革命のときと同様、1本の画期的な論文が原因だった。

カリフォルニア大学サンタバーバラ校（現ハーバード大学）のアンドリュー・ストロミンジャーとハーバード大学のカムラン・ヴァファが、

「超ひも理論をつかってブラックホールのエントロピーを計算したらホーキングの結果と完全に一致した」

という驚くべき結果を発表したのである。

とはいえ、この結果が超ひも理論の「再生」を意味することに世間が気がつくまでには、数年の時が必要だった。

ケンブリッジ大学教授のスティーヴン・ホーキングは「車椅子のニュートン」というあだ名を頂戴するほどの人物で、理論物理学の超弩級の研究者であるだけでなく、一般科学書の王者でもあるが、それでも、

「ブラックホールのエントロピー」

に関するホーキングの業績と聞いて、

「ああ、あれのことか」

とすぐに思い当たる人は、物理学者を別にすれば、さほど多くはないはず。

それどころか、仮に百歩譲って、ブラックホールのエントロピーがなんであるのかがわかったとしても、やはり、

「なぜ、超ひも理論をつかうとブラックホールの計算ができるのか？」

という素朴な疑問をぬぐい去ることができないはずだ。

というわけで、この章では、巷で騒がれている「超ひも理論ルネサンス」の真相を解き明かし、いったい何が凄いのか、そして、これから超ひも理論はどうなってゆくのか、といった切り口で超ひも理論の実像に迫ってみたい。

孫悟空の対称性

孫悟空とお釈迦さまの話から始めよう。

ご存じのように悪戯で乱暴者の孫悟空は、懲らしめのために、お釈迦さまにおでこに輪っかをはめられてしまうが、觔斗雲《きんとうん》と如意棒を奪って逃走する。

現在でいえば、それこそ光速に近いスピードで世界の果てまで逃げ延びた孫悟空は、しかし、元の場所に戻ってしまったことに気がつく。

つまり、孫悟空は、お釈迦さまの掌《てのひら》の上で踊らされていたわけである。

そんなお話が、いったい、超ひも理論とどう関係するのか？　首をかしげている読者がいるかもしれない。

だが、このお話、実は、「超ひも理論ルネサンス」の引きがねの1つになった「ひもの対称性」と凄くよく似ているのだ。

だから、具体的なイメージを培う、という本書のコンセプトからすれば、当然、ご紹介すべきお話なのである。

孫悟空には理由はチンプンカンプンだっただろうが、お釈迦さまがやったことは簡単である。

「遠いことは近いことだ」

という具合に宇宙を変えたのである。あるいは、

「大きいことは小さいことだ」

といってもいい。

なんだか奇妙な気がするが、たとえば、時計を考えてみれば、これがまんざら馬鹿げた話でもないことが理解できる。

時計の秒針に注目してみよう。

0秒から始まって、1秒、10秒、20秒、40秒、そして59秒……60秒イコール0秒。つまり、大きな60秒は小さな0秒と同じなのである！

もっと抽象化して、円と角度の話でもかまわない。その場合、大きな360度と小さな0度が同じになるわけだ。

あるいは、地球の上を考えてもかまわない。あまり遠くに行きすぎるとぐるっと回って元の場所に返ってきてしまう。

うん？　ということは、孫悟空のお話も、要するに地球を1周してしまった、という単純な話なのだろうか？

円や地球のように丸く「閉じている」情況では、だんだんと大きくなっていって、ある時点でゼロに戻るのは、さほど不思議な話でもない。

だが、孫悟空だって、それほど馬鹿ではない。孫悟空は、地球を回るかわりに、宇宙の果てまで逃げていったのである。でも、気がついたらお釈迦さまの掌から出ていなかったのである。

さて、超ひも理論には「T対称性」という興味深い対称性が存在する。対称性というのは、

「ある操作をしても元と変わらないこと」

であるが、T対称性は、

「宇宙の半径Rを逆数の1／Rにしても元と変わらない」

という対称性である。

まさに、

「大きいRは小さい1／Rと同じだ」

ということなのである。

円や地球の例と同じで、T対称性が存在する宇宙は、1周するとぐるりと元に戻るような「閉じた」宇宙である。現実の宇宙がそうなっているかどうかはわからないが、そういう宇宙を仮定して話を進めると、宇宙の半径Rを逆さまにしても、超ひもの方程式は不変なのである。

このT対称性のことを私は個人的に「孫悟空の対称性」と呼んでいる。

コラム

T対称性のTの起源は?

超ひも理論ルネサンスに登場する対称性は精確には「T双対《そうつい》性」(T duality)である。デュアルとは「双子」ということであり、要するに理論の半径Rを逆数にすると、双子の理論に変身するのである。

それは、5種類の超ひも理論同士の変身劇のこともあり、自分自身に変身することもある。

T対称性のTは「トーラス」(torus)の頭文字からきているという説があるが、「ターゲット空間」が元だという人もいる。(ターゲット空間とは超ひもが存在する空間のこと)

トーラスはドーナツの恰好のことである。6次元空間をトーラスの恰好にして小さく丸めてしまうところからきている。

このほかにS対称性というのもある。このSは「セルフ」(self)、つまり自分自身の対称性、という意味だとする説と、「スペシャル・リニア」(special linear)という対称性の数学的な性質からきている、という説がある。(スペシャルは「行列式が1」という意味で、リニアは線形という意味)

いずれにせよ頭文字をとってきているようだ。

さらには、この2つを混ぜたU対称性というのもあるのだが、これは、アルファベットでSTときて次がUだかららしい。

実は、素粒子理論では、古くから素粒子の衝突の解析にsとtとuというエネルギーと関係した変数(マンデルスタム変数)が使われているが、超ひも理論の3つの対称性との関連は不明である。

運動量と巻き量というふたつのモード

孫悟空の対称性は、どうして存在するのだろう?

もちろん、宇宙が「閉じた」恰好になっている、というのもひとつの理解の仕方だが、それだけでは精確な説明にはなっていない。

孫悟空の対称性をきちんと理解するためには、

「そもそも長さはどうやって測るのか?」

という問題を考えないといけない。

ふつう、われわれは定規やモノサシをつかって長さを測る。だが、距離が長くなると、この方法はつかえなくなってしまう。

たとえば地球と月の距離を測るのに長いモノサシを建造するくらいなら、ロケットで月まで実際に行ったほうが安上がりであろう。だから、地球と月の精確な距離を測ろうと思ったら、ロケットの代わりに小さな粒子のようなものを派遣すればいいのである。実際には、地球からレーザー光線を発射して、月で反射して地球に戻ってくるまでの時間を計って、それから距離を算出する。

原理的には、このように何かを飛ばして距離を測定するのが、一般的な方法だといえる。レーザーに限らず、要するに速度（運動量！）がわかっているものをつかって、それが往復するのにかかる時間を計ればいいわけである。

これを称して、

「距離を測るには運動量をつかう」

という。

あたりまえの話である。

だが、この話、超ひも理論の世界になると、ガラリと変わる。

それは、こういう質問をしてみれば実感できるだろう。

「ロケットよりも小さいものの長さを測るのにロケットで行ってみるのは無理ではなかろう

か？」

そうなのである。ロケットではなくて長さ1メートルの観測装置でもいいし、それこそ小さな粒子でもかまわないし、レーザー光線でもいい。どんな場合でも、測定につかうモノよりも小さい（短い）距離を測りたい場合、行ったり往復したり、という方法はつかえなくなってしまうのである。（レーザー光線の場合、そもそも光子に大きさなどないではないかというなかれ。光には波長があるので、要するに、その波長よりも短いものは測れない、ということ）

だから、小さなものを測る場合、どうやら運動量をつかう一般的な方法には限界があるようなのだ。

だが、超ひも理論であれば、この問題をクリアすることが可能だ。

なぜなら、超ひも理論は往復して長さを測る方法のほかに、相手を「巻いて」長さを測ることができるからだ。

次のような問題を考えていただきたい。

問題　太さのわからない筒がある。長さが10メートルだとわかっている「ひも」をつかって、筒の太さを測定せよ！（ただし、筒の太さはひもより小さい）

答え　ひもを筒に巻いてみればよい。

たとえば2巻きできたら、筒の円周は5メートルであることがわかる。10巻きできたら、筒の円周は1メートルであることがわかる。だから、10メートルを「巻き数」で割れば、筒の太さが算出できることになる。

超ひもは、自分の長さよりも大きな空間の中にいるときは、その中を飛び回る。それが運動量モードである。（モードは「運動の様子」とか「運動状態」という意味だ。最新モードのモードと同じ）

超ひもは、自分の長さよりも小さな空間は巻いてしまう。それが巻き量モードである。

家庭用の輪ゴムを思い浮かべていただきたい。

手でピストルの恰好をつくって、輪ゴムを飛ばすことができる。輪ゴムは運動エネルギーをもつであろう。これが運動量モードなのである。だが、鉛筆をもってきて、輪ゴムをぐるぐる巻いてしまうことも可能だ。この場合は、輪ゴムは鉛筆を締めつけていて、ポテンシャル・エネルギーをもっているにちがいない。これが巻き量モードのイメージである。（「ポテンシャル」とは「潜在能力」という意味である。ぐるぐる巻きのゴムを切れば、撥ねてどこかへ飛んでゆくにちがいない。つまり、鉛筆にきつく巻きついた輪ゴムは、運動エネルギーに転換できるようなポテンシャルをもっているわけである）

ポイント　超ひもには運動量モードと巻き量モードがある

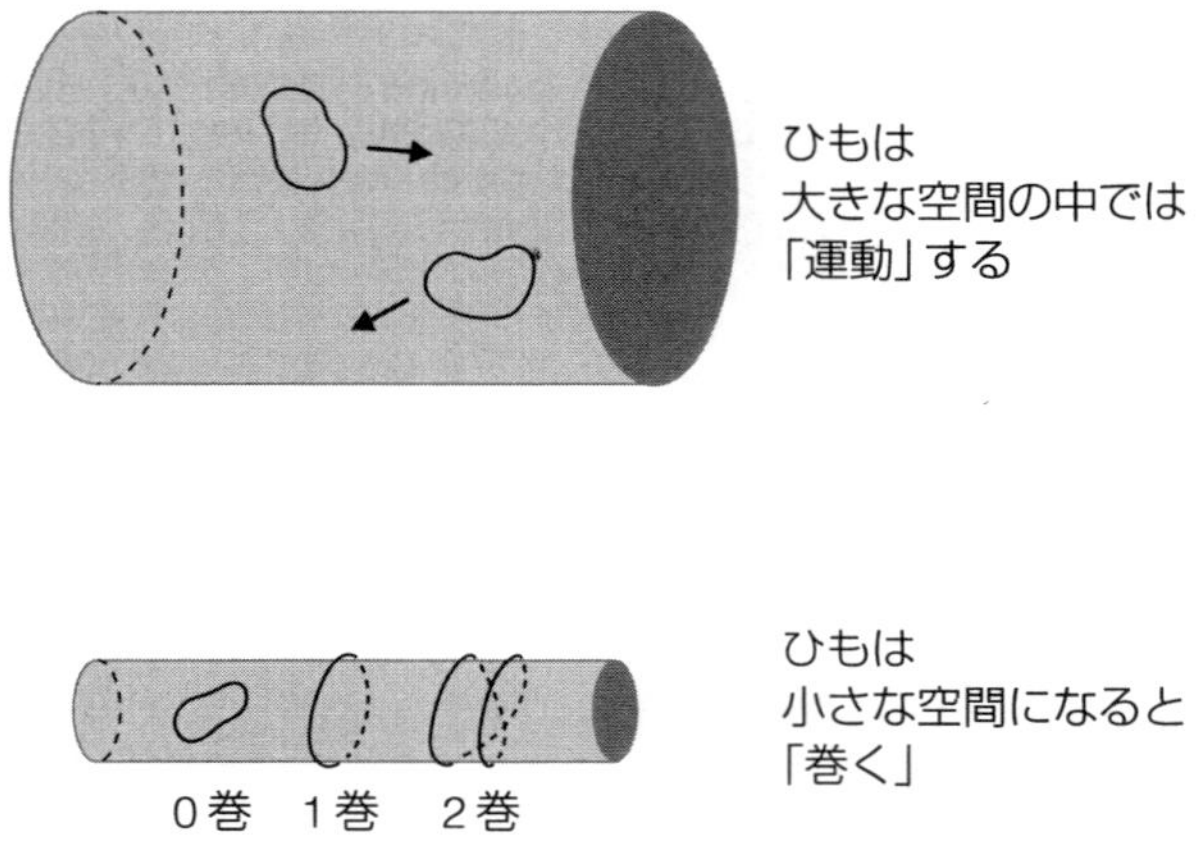
ひもは
大きな空間の中では
「運動」する
ひもは
小さな空間になると
「巻く」
0巻　1巻　2巻

図37　運動量モードと巻き量モード

さて、ここまでは、単に、

「巻くことで自分よりも短いものを測ることができる」

ということにすぎない。

特に難しい概念ではないはずだ。

次にちょっとした「思考の飛躍」を読者にお願いしなくてはならない。

「発想の転換」といってもいい。

ここまでの説明で、私はメートル（m）という単位をあたりまえのようにつかってきた。運動量モードで長さを測っても巻き量モードで長さを測ってもメートルという単位をつかって考えてきた。だが、実をいえば、このメートルという単位は、運動量モードを基準にした単位なのである。センチメートルでもミリメートルでも同じである。これまで、人類が頭の中に思い浮かべてきた

「長さ」という概念は、すべて、運動量モードにもとづいた「長さ」だったのである。

だが、超ひも理論の観点からすれば、エネルギー状態には2つあって、そのどちらかが特別ということはないはずだ。つまり、運動量モードと巻き量モードとは、同等の資格をもっているにちがいない。（図37　運動量モードと巻き量モード）

だとしたら、巻き量モードを基準にした「長さ」の概念を導入してもいいはずだ。そして、メートルの代わりに、wという単位をつかってもかまわないだろう。（wは「巻き」という意味のwindingの頭文字。「ワインディング」と発音することにしよう。ビートルズの「ロング・アンド・ワインディング・ロード」のワインディングと同じである。曲がりくねった、という感じ）

この巻き量モードをもとに世界の長さについて語ることにすると、さきほどの筒の例なら、10回巻いたら「10w」であるし、2回しか巻けなかったら「2w」の長さだと考えればよい。

要するに巻き量モードで世界を見ると、これまでの運動量モードの「長さ」とは逆になるのである。

巻き量モードでは大きい　＝　運動量モードでは小さい
巻き量モードでは小さい　＝　運動量モードでは大きい

そこで、運動量モードと巻き量モードを平等に扱うのであれば、どちらかの基準が絶対的に正

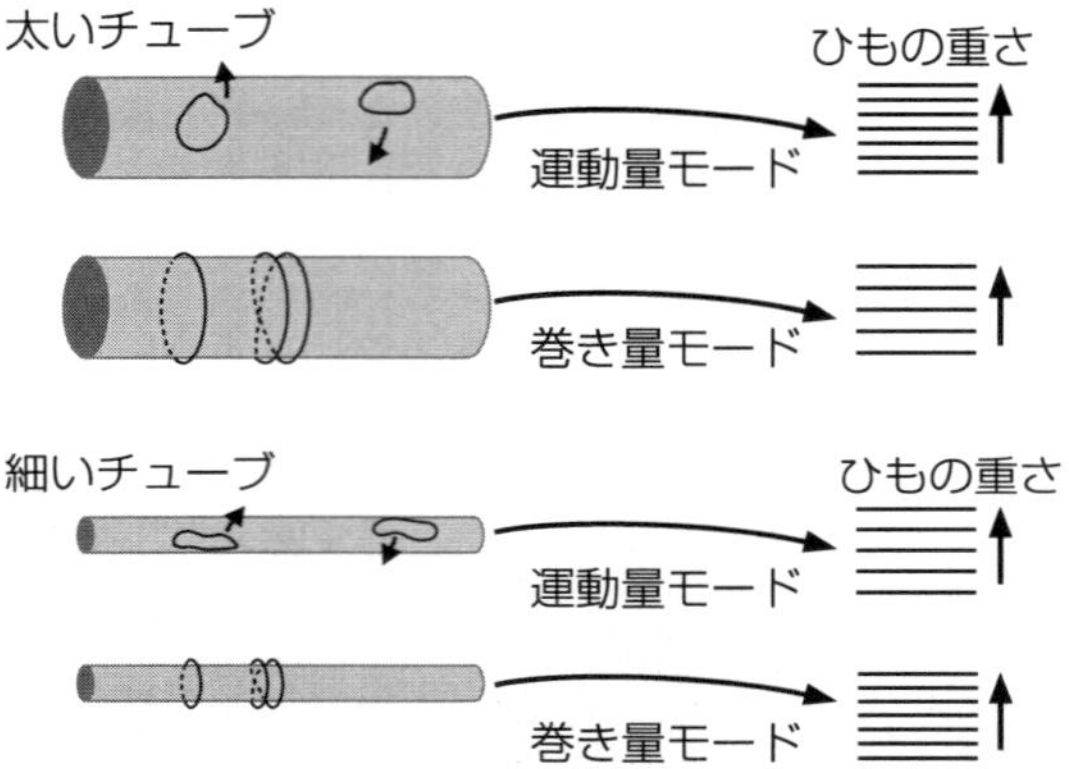

図38　孫悟空の対称性によって、宇宙の大きさが*R*でもその逆数でも超ひもの質量スペクトルは変わらない
（「Scientific American」1998年2月号より改変）

しいということはありえない。

10w ↔ 1m（10ワインディングは1メートル）

10m ↔ 1w（10メートルは1ワインディング）

つまり、メートルとワインディングとは、対等であり、逆数の関係にあるのである。

超ひもには2つの対等なモードがあるために、2つの互いに逆数関係にある「長さ」の概念が登場するのである。

だから、仮に宇宙の半径Rが（なんらかの理由によって）逆数の$1/R$以下になったとしたら、われわれは、つかいやすい巻き量モードによって長さを測ることになるだろうから、宇宙が（運動量モードで）「小さくなった」とは考えずに（巻き量モードで）「大きくなった」と考えるはずなのである。

まとめ 超ひもは空間内を動き回るだけでなく、空間を巻くことができるため、「長さ」を測定する場合にも運動量モードと巻き量モードの2つの対等な方法が存在する。2つのモードによる「長さ」の概念は大小が逆さまになるので、宇宙の半径Rを逆数の1／Rに変えても超ひもの方程式は変わらない。つまり、超ひも理論の世界では、「大きい」ことと「小さい」こととは区別がつかない。いいかえると、

$$R \longleftrightarrow 1/R$$

という対称性がある。（図38 孫悟空の対称性によって、宇宙の大きさがRでもその逆数でも超ひもの質量スペクトルは変わらない）

コラム

1／Rってホントは何？

Rは距離であり1／Rはその逆数であり、取り換えるといわれてもピンとこないかもしれない。こ

れは、話を簡単にするために、プランク長さl_Pを1とおいてしまったのである。だから、孫悟空の対称性は、

$$R \diagup l_P \longleftrightarrow l_P \diagup R$$

と書くことができる。

ええと、話をもっと精確にするのであれば、プランク長さl_Pではなく「ひもの長さl_S」を使うべきかもしれない。この2つは、

$$l_P = g l_S$$

という具合に無次元の「ひもの結合定数g」によって関係している。ただし、gは本当は定数ではなく、gが大きい「強結合」の場合とgが小さい「弱結合」の状態がある。

うん？　おかしいではないか。プランク長さl_Pは、もともとニュートン定数Gからつくられたのだった（付録参照）。でもgは大きくなったり小さくなったりするのだろうか。いったい、何が定数で何が定数でないのか？

こんなふうに考えていただきたい。

超ひもが世界の素なのであれば、その長さl_sこそが基本定数だといえる。その長さはひもの張力によって決まる。その張力は誰にもわからないので、これだけは「手で入れる」しかない。つまり、超ひも理論の唯一のパラメーターなのである。

超ひも同士が相互作用する強さのgは強い場合もあれば弱い場合もある。だから、プランク長さは定数ではなく、gに左右される。

ニュートン定数とプランク長さの関係は、

$$G = l_P^2$$

である（付録参照）。ということは、

$$G = g^2 l_s^2$$

ということだ。つまり、ニュートン定数も実際は定数ではなく、超ひもの相互作用の強さgによって大きさが変わるのである。

通常、Gもl_Pも定数として扱うが、それは（gを固定した場合の）近似なのである。

電場と磁場を取り換えても世界は変わらない?

さて、「孫悟空の対称性」は「大きいことは小さいことだ」という意味をもつわけだが、それは、いいかえると、

「〈大きい〉ものも、見方を変えれば〈小さい〉」

ということになる。

一見、まったく別の物や状態であるにもかかわらず、観点を変えることによって、それらが「同じ」であることがわかるというのだ。

実をいえば、物理学には「孫悟空の対称性」に似た情況がたくさん存在する。身近な例では、電磁気学の電場と磁場がある。電磁気学の基礎方程式はマクスウェルの方程式と呼ばれているが、その方程式において、電場と磁場を取り換えたらどうなるだろうか?

問い 電磁気で電場と磁場を取り換えたらどうなる?

答え もうちょっとで「何も変わらない」といえる

電場にはプラスの電荷とマイナスの電荷がある。プラス同士、マイナス同士は反発し、プラスとマイナスは引き合う。その力の大きさは距離の2乗に反比例する。遠くに行けば行くほど弱くなる。

磁場にもN極とS極がある。N極同士、S極同士は反発し、NとSは引き合う。その力の大きさは距離の2乗に反比例する。遠くに行けば行くほど弱くなる。

似ているではないか！

だとしたら、もしかして、電場と磁場を取り換えても世界にはなんの影響もないのか？　電場と磁場にも「孫悟空の対称性」みたいな関係があるのだろうか？

いや、そううまく話は運ばない。考えてみると「孫悟空の対称性」にしたって、「ひもが実在したら」という大前提のもとに成り立つ対称性なのである。

電磁場の場合にも対称性が存在するためには1つの前提が必要となる。

それは、

「もしもモノポールが存在したら」

という前提である。

モノポールは日本語では磁気単極子。これはいったいなんだろう？

電場の元になる電荷は単独で存在することができる。ところが、磁場の元になる磁荷は単独では存在しない。磁場の場合、磁石をいくら細かく分解していっても、常にN極とS極がペアになって存在するのだ。だから、厳密には、電場と磁場の対称性は存在しない。（磁石の大本は電流＝動く電荷である）

これが、答えのところで「もうちょっとで」と書いた理由だ。

しかし、たしかに今の宇宙にはモノポールは存在しないが、宇宙の初期の時代にモノポールがあって、その後、なんらかの理由によって消滅してしまった可能性だってある。

だから、電場と磁場の対称性にしても、単なる理論的な憶測といって笑ってすますわけにはいかないのだ。

コラム

シュレディンガー方程式の「平方根」をとった男

ポール・エイドリアン・モーリス・ディラック（1902—1984）は、1933年度のノーベル物理学賞に輝いた、伝説的な物理学者である。彼は弱冠26歳のときに、シュレディンガー方程式の平方根をとって、自らの名が冠されたディラック方程式を発見した。（精確にはシュレディンガー方程式を相対論的に書き直した式の平方根をとった）

ベクトルの平方根をとるとスピノールという奇妙な性質をもったものがでてくるのだが、ディラック方程式はスピノールを記述する。

ディラック方程式は電子の相対論的かつ量子的なふるまいを完全に記述することに成功した。

ディラックは、また、

「なぜ重力だけがこんなに弱いのか？」

という疑問に対する答えとして、

「重力定数が時間とともに弱くなっているから」

という驚くべき仮説を提出した。（このアイディアは、あとで見るように、かなりいい線を行っていた！）

ディラックのユニークな発想は、これだけにとどまらず、ついには「モノポール仮説」を提案して、

「電荷が量子化されるためにはモノポールが必要だ」

とぶちあげた。モノポールが存在すると、電磁気のマクスウェル方程式が電場と磁場で対称になるだけでなく、電荷と磁荷が逆数の関係になるのである。そして、同時に電荷が量子化される。いいかえると素電荷の存在の説明がつくのである。（素電荷とは、電荷の最小単位のこと。電子の電荷は素電荷である。宇宙のあらゆる電荷は、この素電荷の倍数になっているが、誰も、なぜ電荷が量子化されているのか、説明ができないのである）

うーん、伝説の天才物理学者のアイディアは、超ひも理論の進展とともににわかに信憑性を帯びてきたようだ。

大きい電荷は小さい電荷だ

さて、長さと電荷の対称性の話がでてきたわけだが、超ひも理論では、驚くべきことに「電荷

の大小の対称性」が実際に存在する。

すでに第1章に出てきたが、世の中には4つの力が存在することが実験的にたしかめられている。4つの力には4つの電荷がある。4つの電荷は強さがちがう。電荷とは、すなわち「力の強さ」の指標である。

たとえば電磁力の場合、電荷の強さは、強い力と比べて100分の1程度なので、近似計算ができるから理論も実験も驚くほど発達している。それに対して、強い力は、近似計算をするのが難しいので、最近になってようやく全貌が解明されつつあるわけだ。

コラム

電荷が小さいと近似計算ができて、大きいと近似計算さえできない理由は?

天体の軌道計算でも太陽と地球だけを扱った2体問題は厳密に計算できるが、3つ目の天体が入ってくると一般には解析的な答えは得られない(=知っている関数で答えをあらわすことができない)。そこで摂動《せつどう》という考えが入ってくる。摂動は英語の「パーターベイション」(perturbation)の訳で「小さな影響」というような意味である。元の厳密解を少し補正するのである。だから、3つ目の天体の影響は小さくなくてはいけない。

素粒子の計算においては、たとえば電磁力の場合、力の強さの目安となる電荷が小さいため、この摂動という考えを用いて近似計算を行うことができる。

第1章に出てきたが、量子論の考えでは、真空でも仮想粒子がうじゃうじゃと生成消滅を繰り返している。だから、たとえば、電子同士が衝突するような過程の計算も、第1近似では、単に電子同士が光子を1個キャッチボールするだけなのだが、第2近似では、キャッチボールされる光子の数が増えたりする。（これが3つ目の天体の小さな影響を組み込んで計算することにあたる）

問題は、第2近似のほうが第1近似よりも小さくなくてはいけないことだ。あくまでも補正なのである。単純な過程の答えを求めておいて、それに補正項を加えるのである。補正は小さくなくては意味がない。

補正項が小さければ、次には、さらに小さな第3近似の補正を加えればよい。そうやって、次々と補正を施すことによって、答えの精度を高めてゆくことができる。

ポイントは、

「電荷が小さくないと（実質的に）計算はできない」

ということである。


第1章の「ひもで原子核の計算をやろうとした人々」のところで述べたが、もともとの「ひも理論」は、原子核の計算のために考え出されたものだった。ところが、さまざまな困難に遭遇して、いつのまにか原子核の計算にひもは使われなくなってゆき、代わりに重力理論としての王道

を突き進むことになったのだった。

だが、ここにきて、もう一度、ひもを使って原子核の計算をやることが可能になりつつある。

なぜだろう？

最近の超ひも理論の発展によって、さまざまな対称性が発見されたのだが、

「大きな電荷と小さな電荷を取り換えても何も変わらない」

ということがわかってきた。

これを「S対称性」と呼ぶ。

孫悟空の対称性の親戚のようだが、実は、すでに電磁気とモノポールの関係のところで同じような情況が出現していた。ふつうの電荷をeと書いて、ディラックのモノポールの電荷をe_mと書くと、

$$ee_m = 2\pi$$

という関係があるのだ。つまり、電子の電荷とモノポールの電荷は逆数の関係にある。いいかえると、電子の電荷が小さいのであればモノポールの電荷は大きいし、逆もまた真である。そして、モノポールが存在するならば、電場と磁場を取り換えても世界は変わらないのだから、これは、まさに、

「大きな電荷と小さな電荷を取り換えても何も変わらない」

という情況なのだ。

しつこいようだが、電磁気においては、ディラックのモノポールは発見されていないので、この対称性は架空のものである。

だが、超ひも理論には、ある意味でモノポールが存在するのである（存在しないと整合性が保たれない）。だから、超ひも理論では、

「大きな電荷と小さな電荷を取り換えても何も変わらない」

のである。

不可思議な対称性の網

ここまでで「孫悟空の対称性」と「大きい電荷は小さい電荷だ」という2つの対称性がでてきたが、実は、この2つをミックスした対称性も存在する。とにかく、超ひも理論にはさまざまな対称性があって、互いに深く関係しているのだ。（図39　超ひも理論のさまざまな対称性）
たとえば、閉じたひもだけからなるIIB型の場合、結合定数gを逆数にしてやっても何も変わらない。あるいはHO型の結合定数を逆さまにしてやるとI型になる。
ちょっと考えてみるとこれは変だ。
なぜなら、HO型は閉じたひもだけで、I型は閉じたひもと開いたひもが混在しているから

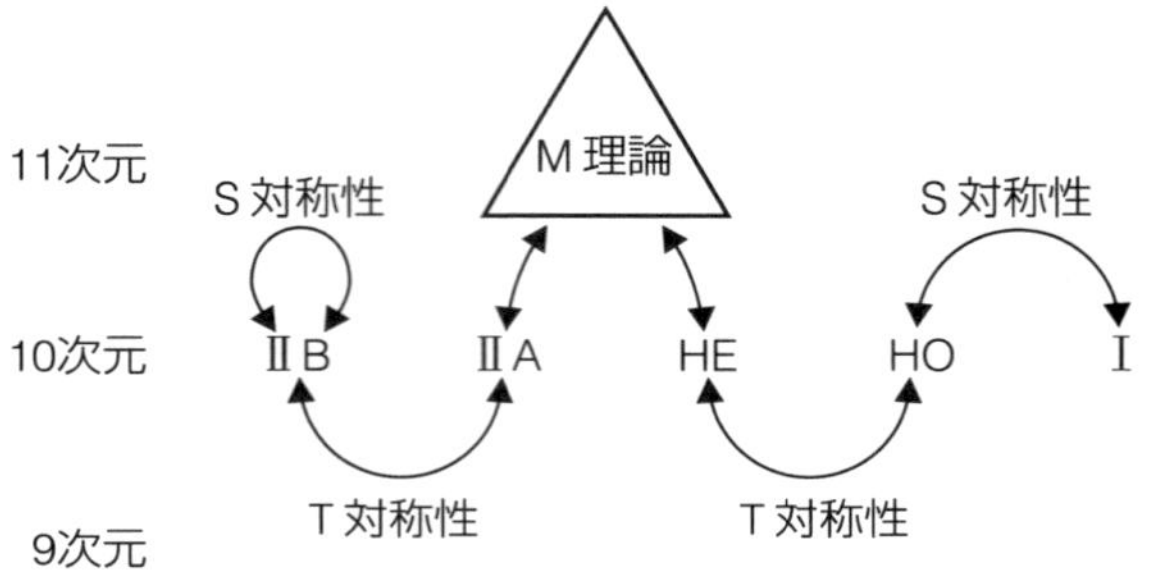

図39　超ひも理論のさまざまな対称性

だ。いったい、どうやったら、「閉じたひも」が「閉じたひもと開いたひも」に変身できるのだろう？

こういうことである。

これまで「ナントカ型」と呼んできたのは、あくまでも「ひもの結合定数gが小さい領域の近似理論」にすぎなかったのである。だから、結合定数gが大きくなると、理論がガラリと姿を変えて変身するのである。第1章の「(超)ひも(理論)がたくさん？」に出てきた表では、HO型の欄に「閉じたひも」としか書かれていなかったが、精確には「結合定数gが小さいときには」という断り書きが必要だったのである。

つまり、HO型で結合定数gを段々と強くしていってやると、徐々に開いたひもがあらわれてくるのだ。直感的には、Dブレーンの表面が段々と波打ち始めて、ブツブツと表面から突起が出始め

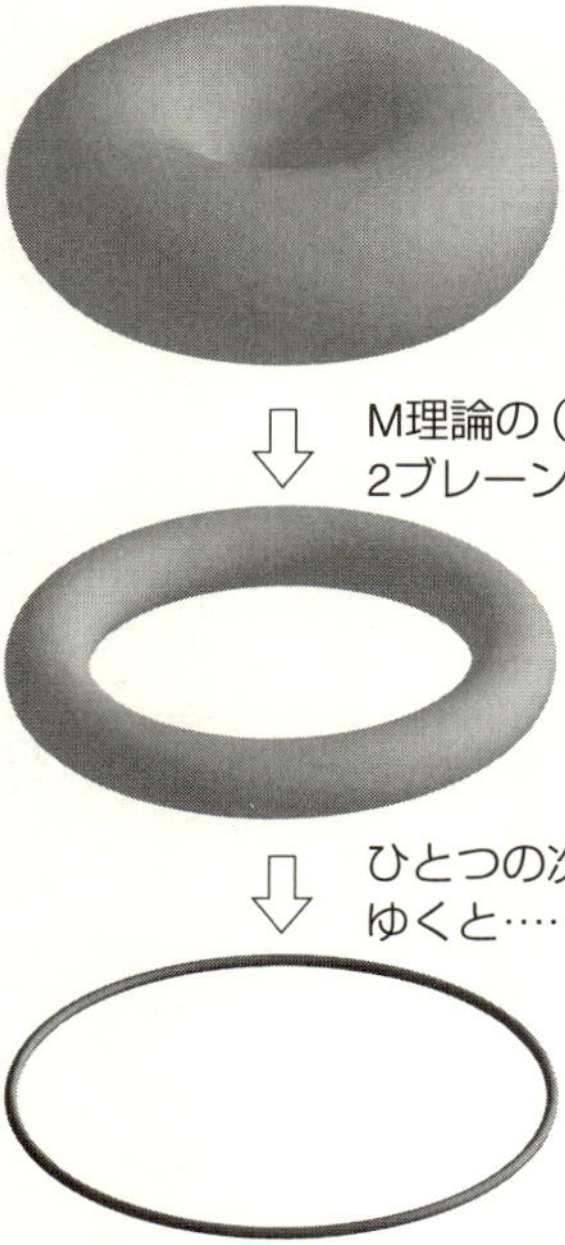
M理論の（ドーナツの恰好をした）
2ブレーン（11次元）
ひとつの次元（＝半径）を縮めて
しまいには超ひも理論の閉じた
ひもになる！（10次元）

図40　11次元のM理論から10次元の超ひも理論が出てくる

て、しまいには開いたひもへと成長するようなイメージである。

超ひも理論の全体像を明らかにするという意味で、Dブレーンがいかに大きな役割を演じているか、おわかりになるであろう。

面白いのはM理論とIIA型の関係だろう。M理論は11次元の理論だが、その低エネルギー近似は11次元の超重力理論だ。この11次元超重力理論には2ブレーンが存在することがわかっている。そこで、11のうちの1つの空間次元を丸めて円にしてやってそれを2ブレーンで包んでやると閉じたひもになるのである。これが、すでにでてきた「11次元の面から10次元のひもが飛び出す手品」の具体例である。（図40　11次元のM理論から10次元の超ひも理論がでてくる）

このほかにもさまざまな対称性があることがわかっている。複数の次元をいろいろな恰好で小さくしてやると、別々の超ひも理論が同じになるのである。

なんとも不思議な感じがするが、結局のところ、

「すべては11次元のM理論の近似である」

と考えればつじつまが合うのだ。

ブラックホールがひもであること

超ひも理論ルネサンスは、実をいえば、一晩にして「動いた」わけではない。

たとえば、ケンブリッジ大学のポール・タウンゼンドとロンドン大学のクリストファー・M・ハルはDブレーンが話題になるずっと前から「ブレーン」そのものの量子化の研究を続けていた。その結果、超ひもだけでは見えてこないさまざまな対称性の存在に気づいたのである。

また、プリンストン大学のネイサン・サイバーグとエドワード・ウィッテンにより「超対称性をもった量子色力学（精確にはヤン-ミルズ理論）」の厳密解が発見され、それがやがて超ひも理論やDブレーンと深い関係にあることがわかってきた。

だが、超ひも理論ルネサンスの引きがねとなったのは、なんといっても、

「ブラックホールが超ひもだった」

という発見であろう。

1995年にストロミンジャーとヴァファが、

「ブラックホールは超ひもである。だから、その超ひもの状態を数えることによってエントロピーが計算できた。その結果はホーキングによって1970年代になされていた別の計算と完全に一致した」

という内容の論文を書いたのである。

世界中に衝撃が奔《はし》った。一篇の論文が、長期低迷にあった超ひも理論の研究をふたたび活気づかせた。物理学者たちは、この論文によって、ふたたび、

（もしかしたら超ひも理論はホンモノかもしれんゾ）

と考え始めた。

この節と次節では、この論文の物理的な内容を直感的に理解してみたい。

まずは、

「超ひもの集合体がブラックホールと同じとはどういう意味か？」

という点を明らかにしたい。（次節でホーキングとの関連を見ることにする）

この論文そのものは数式だらけで難解なので、一歩退いて、カリフォルニア大学サンタバーバ

ラ校のゲイリー・ホロウィッツとジョゼフ・ポルチンスキーが提唱している「ブラックホールとひもの対応規則」をつかって理解を深めてみよう。(ただし数式は使わないので精確な対応規則は巻末参考文献をご覧いただきたい。以下、この節の引用は「ブラックホールの量子状態」ホロウィッツ、による。すべて竹内勝手訳である)

最近のブラックホールのエントロピーの説明の背後にある基本アイディアを理解するには、ひも理論に関する3つの事実さえわかれば事足りる。最初は、平らな時空でひもを量子化すると、質量のある状態の無限の塔があらわれることだ。(「ブラックホールの量子状態」)

「質量のある状態の無限の塔」というのは、要するに、超ひもの振動エネルギーを外から見ていると素粒子の質量のように見える、という意味である。ヴァイオリンの弦の振動において音がどんどん高くなるのと同様、超ひもの振動エネルギーもいくらでも高くなりうる。それは、さまざまな質量をもつ素粒子のように見える。

もっと詳しくいうと、すでに第1章に出てきたように、ひもの重さは、プランク重さを単位として、

$$0, 1, \sqrt{2}, \sqrt{3}, \sqrt{4}, \cdots, \sqrt{N}, \cdots, \infty$$

というように整数Nの平方根でいくらでも重くなることが可能だ。（第1章では440ヘルツの「ド」を単位として比喩的に説明した）

この時点で、すでに、いくらでも「重い」状態が存在するのなら、エネルギーが高くなればブラックホールになるであろうことが予測できるが、ホロウィッツ教授によれば「3つの事実」が必要なので、先に進もう。

2つ目の事実は、ひもの相互作用が結合定数gによって左右されることだ。（「ブラックホールの量子状態」）

電磁相互作用が電荷によって左右されるのと同様、ひもの相互作用はgによって左右される。電荷が定数ではなくエネルギーによって強さが変わったのと同様、ひもの結合定数gも強さが変わるのである。ここも問題ない。

3つ目の事実は、古典的な時空の計量は、ひも理論においては、曲率がひものスケールよりも小さいときだけ、きちんと定義される、ということだ。（「ブラックホールの量子状態」）

この部分は、ちょっと解説が必要だろう。

まず、「古典的な時空の計量」は「(古典的な)重力理論」といいかえてもかまわない。また、「曲率」は時空の曲がり具合のことであり、要するに「重力の強さ」のことだ。

問題は、どんなときに「(古典重力における)ブラックホール」という描像が適していて、どんなときに「ひも」という描像がしっくりくるか、である。

レベルNで高度に励起され、結合定数がゼロのひもの状態を考えよう。さて、ひもの結合定数gを強くしていくことを想像したまえ(ただしGはgの2乗に比例することを思い出すこと)。2つの効果が生まれる。まず第一に、ひもの一部分の重力が他の部分を引っ張るので、ひもはサイズが小さくなる。第二に、Gが大きくなるので、ひもがつくりだす重力場も強くなり、実効的にシュワルツシルト半径GMが増大する。明らかに、結合定数が充分に大きくなれば、ひもはブラックホールを形成する。(「ブラックホールの量子状態」)

第1章でご紹介したが、ニュートンの重力定数Gは、ひもの結合定数gの2乗に比例する。どうして2乗なのかといえば、ひもの結合定数gは「開いたひも」の相互作用の強さなので、重力子をあらわす「閉じたひも」はgが2つかかったものになるからだ。(開いたひもが2つで閉じたひもになる!)

また、詳しくは、コラムをご覧いただきたいのだが、ブラックホールには「シュワルツシルト半径」と呼ばれる大きさがあって、その半径はG、いいかえるとgの2乗に比例するのだ。（Mはブラックホールの重さ）

ひもの結合定数gが大きくなる　→　重力が強くなってひもは小さく縮む
→　シュワルツシルト半径g^2は大きくなる

で、ポイントは、このシュワルツシルト半径とひもの長さのどちらが大きいか、である。外から見ている限り、われわれは「大きい」ほうの描像で相手を把握するであろう。充分にgを強くした時点で、あるとき、シュワルツシルト半径のほうがひもの長さより大きくなる。それをわれわれはブラックホールと認識するのである。

では、逆はどうなるだろう？

太陽と同じ重さのブラックホールから始めよう。gを弱くするにしたがって、ひもの長さは大きくなる（＝ひもの張力が減少する）。やがて、ひもの長さはキロメートルの大きさとなって、ブラックホールの地平線のサイズと同程度になる。この時点で、ブラックホールの計量は、もはやひも理論ではきちんと定義できなくなり、システム全体が高度に励起されたひもの状態として記

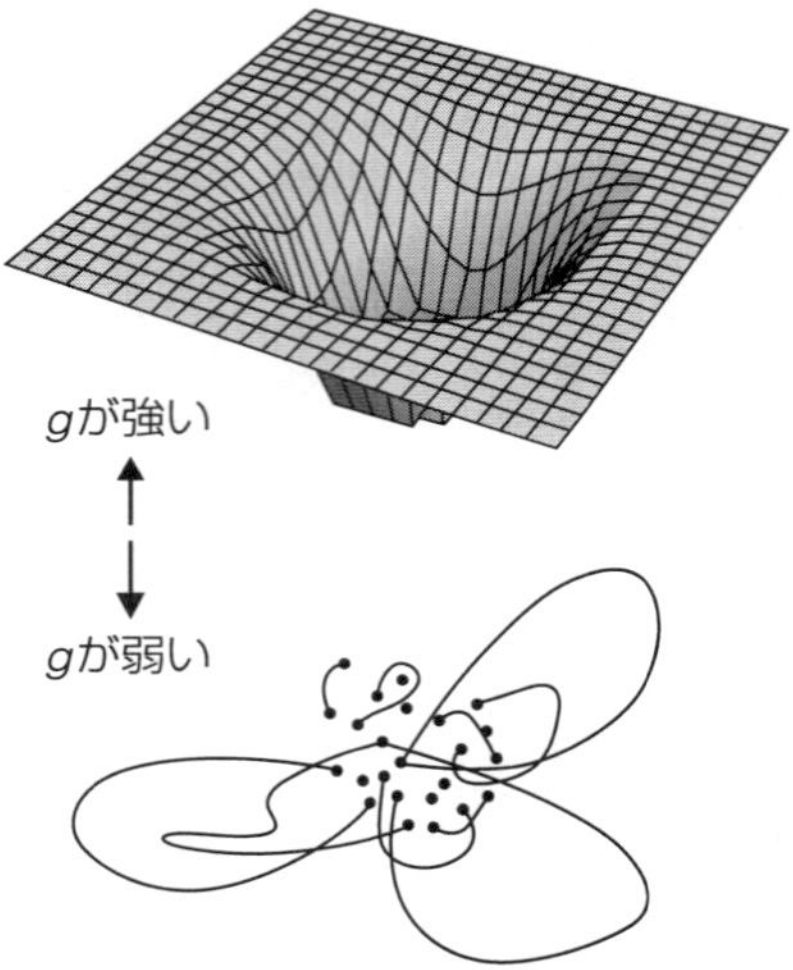

図41　ブラックホールは超ひもがからみあった状態？

- gが強いと古典重力理論のブラックホールに見え、gが弱いと超ひものガスに見える
- 下の図の点はたくさんのD0ブレーンをあらわす
- D0ブレーンにはたくさんの超ひもがくっついている
- 本文中では話をわかりやすくするために「超ひもの集合体」が「ブラックホール」と同じだと説明したが、より精確には「Dブレーンと超ひもの集合体」というべきである

述するほうが適切になる。（「ブラックホールの量子状態」）

うん？　ひもって小さくなかったのか？　思わずのけぞってしまうが、ホロウィッツ教授は、ここで、わざと太陽の重さで半径が何キロメートルもある大きなブラックホールを例に出しているのだ。超ひも理論にでてくるブラックホールは小さいことのほうが多いが、超ひもとブラックホールの「対応関係」は、大き

なブラックホールにも当てはまるのである。（図41　ブラックホールは超ひもがからみあった状態？）

コラム

シュワルツシルト半径

ブラックホールの廻りには「事象の地平線」という面がある。その半径は発見者の名にちなんで「シュワルツシルト半径」と呼ばれており、その値は$2GM/c^2$である。

たとえば太陽（半径約70万キロメートル）を無理矢理３キロメートルにまで圧縮するとブラックホールになる。つまり、太陽のシュワルツシルト半径は３キロメートルである。（実際には太陽の数倍の質量がないと自然にはブラックホールにならない）

あるいは、小さな山くらいの重さの物体を陽子の大きさまで圧縮するとブラックホールになる。

プランク重さの物体のシュワルツシルト半径はどうなるだろうか？　答えは（計算しなくても予想がつくであろう）、そう、プランク長さになるのである。（精確にはプランク長さの２倍）

エントロピーの計算が一致した！

超ひもとブラックホールの対応関係は、ブラックホールの量子状態を数える具体的な方法を提供してくれる。そして、状態の数がわかるとエントロピーが計算できる。

うん？　エントロピーってなんだったっけ？

エントロピーというのは「乱雑さ」のことであり「情報が確定していない度合い」である。エントロピーが高いとバラバラで情報量が少ない。エントロピーが低いと秩序だっていて情報量が多い。

ここで1970年代にベケンシュタインとホーキングによって提案されたブラックホールに関する定理を復習しておこう。


ベケンシュタイン-ホーキングの定理　ブラックホールのエントロピーは、その表面積に比例する

なんだ、これ。

実は、この定理の意味を理解するには、もう1つの定理と法則が必要になる。

ブラックホールの面積定理 ＝ ブラックホールの面積は増大する
熱力学の第二法則 ＝ エントロピーは増大する

わかりにくいのでいいかえよう。最初の定理は、

「ブラックホールに何か変化が起きても面積は増えるだけ」

ということで、たとえば2つのブラックホールが衝突したりしても、融合したブラックホールの表面積は、元の2つのブラックホールの表面積の和より増えこそすれ、決して減ることはないのだ。

同様に、物質の状態は、放っておくと時間とともにバラバラで収拾がつかない方向に進むのであり、孤立した系、あるいは宇宙全体として見れば、

「どんな反応が起きてもエントロピーは増大するだけ」

なのである。

それで、この定理と法則は似ているわけだが、これが厳密に一致すると考えると、「ベケンシュタイン-ホーキングの定理」になるわけ。

いかがだろう？

それで、ブラックホールがエントロピーをもつというのは、ようするにブラックホールがいつかはバラバラになってしまう、という意味でもあり、その予測を「ブラックホールの蒸発」と呼んでいる。

なんとも気の遠くなるような話だが、問題は、25年の長きにわたり、世界中の物理学者の誰ひとりとして、このベケンシュタイン-ホーキングの定理を厳密に量子力学的に計算することに成

功しなかったことである。

なぜかといえば、量子重力理論が完成していなかったので、ブラックホールの量子力学が確立されていなかったから。

ところが、前節でご紹介したように、1995年になって、ヴァファとストロミンジャーによって、超ひも理論をつかった計算が行われたのである。


ヴァファとストロミンジャーの計算　ブラックホールのエントロピーは、その表面積に比例する

つまり、まったく別の、より基礎的な計算によって、ベケンシュタイン-ホーキングの定理は証明されたのである。しかも、単に比例するということではなく、係数まで含めて計算結果が一致したのだ。（ホーキングは比例係数も求めていた）
その方法は、おおまかには、前節に出てきた「ブラックホールとひもの対応規則」によって、ブラックホールを対応するひもに「変身させて」やって、ひもの状態を数えたのである。ブラックホールの状態を数えるのは難しい（不可能に近い）が、ひもの状態を数えるのは簡単だからである。（第1章を思い出していただきたい）

＝ひものエントロピーの計算法＝

1　ひもの場合、重さがわかれば、それに対応する整数Nがわかる（Nは超ひもの下からN番目の励起状態）
2　すると、状態の数が$\sqrt{N}$桁なので
3　エントロピーは$\sqrt{N}$になる！

こうやって計算したエントロピーがブラックホールの表面積と同じことがわかったのである。要するに、結合定数gの大きな「複雑にからみあって、こんがらがったブラックホール」から始めて、徐々にgを弱くしていって、しまいには結合定数gの小さな「超ひものガス」にしてしまって、その状態を数えたわけだ。（「ガス」というのは超ひも同士の相互作用がほとんどない情況を意味する）

コラム　ブラックホールの情報パラドックス

ブラックホールに物質が落ちる情況を考えよう。

古典的なブラックホールは完全に黒くて冷たい。そして、シュワルツシルト半径（＝事象の地平線）よりも中に入ってしまえば、物質は二度と外部世界に戻ることができない。

これを「情報」の観点から見ると、物質がもっていた情報は、ブラックホールに落ちたら宇宙から失われてしまう、ということだ。

ちょうどパソコンの画面のゴミ箱にファイルを棄てたら情報が失われるのと同じである。

だが、もしもブラックホールが温度をもっていて熱放射をするのであれば、ちょっと話が変わってくる。たとえばブラックホールから外に光子が放射されるとする。その光子はなにがしかの「情報」をもっているにちがいない。放射される光子をすべて集めたら、それより以前にブラックホールに落ち込んだ物質がもっていた情報を完全に復元できるのではあるまいか?

ちょうどパソコンの画面のゴミ箱にファイルを棄てても、「ゴミ箱を空にする」という命令を実行しなければ情報を復元できるのと同じである。

はたしてブラックホールに落ちてしまった情報は失われるのか、それとも熱放射によって回収できるのか?

前にでてきたフラーレンの熱放射にもどことなく似ているような気がするが、ブラックホールを超ひもによって「量子力学的」にきちんと分析することにより、近い将来、この問題に決着がつくだろう。

Dブレーンふたたび

第1章ではDブレーンのイメージを中心にご紹介したが、ここでは、もう少し物理的な側面をお話しすることにしよう。

読者の頭の中には、さまざまな疑問が渦巻いているかもしれない。

たとえば、

「Dブレーンは境界条件なのだろう？　なぜ、境界条件が物理的な実体であるかのように扱われるのだ？」

というのは、ごく自然な疑問のように思われる。

実際、長年、物理学者たちも「境界条件は境界条件だ」と考えてきたから、超ひも理論にDブレーンが存在することに気づくのが遅れたのだともいえる。

Dブレーンの物理的な属性をまとめてみよう。

1　開いたひもの「境界」のように見える
2　張力（重さ）をもっている
3　量子的な存在なので重ね合わせることができる

「孫悟空の対称性」を思い出していただきたい。空間の大きさが小さくなっても、超ひもの方程式は変わらないのだった。いいかえると、1つの空間を小さく丸めてしまっても超ひもの物理的な属性はそのままなのであった。

実は、「孫悟空の対称性」をご紹介したときには、閉じたひもの話しかしなかった。だが、運動量モードと巻き量モードというのは、輪ゴムのような恰好をした閉じたひもだけがもっている性質であり、開いたひもには巻き量などない。

嘘だと思うなら、開いたひもを筒に巻き付けてみたまえ。閉じたひもとちがって、両端が自由なのだから、巻き付いたと思っても、引っ張ればスルリと滑って筒から取れてしまう。

そうなのです。閉じたひもは筒にしっかりと巻き付くことができるが、開いたひもは巻き付くことができないのです。だから、開いたひもに巻き量は存在しない。

それでは、開いたひもには「孫悟空の対称性」は存在しないのかといえば、そんなことはない。

紙の上に開いたひもを置いて、その紙をくるくると小さく巻いてしまおう。すると、最終的に、小さく丸まった紙の筒から開いたひもの一端が飛び出すであろう。あるいは、両端とも巻き込まれてしまうかもしれない。

つまり、空間を小さく丸めてやると、開いたひもは、

a　凧《たこ》から伸びた糸のようになる

b　デパートの買い物袋の手提げ部分のひもみたいになる

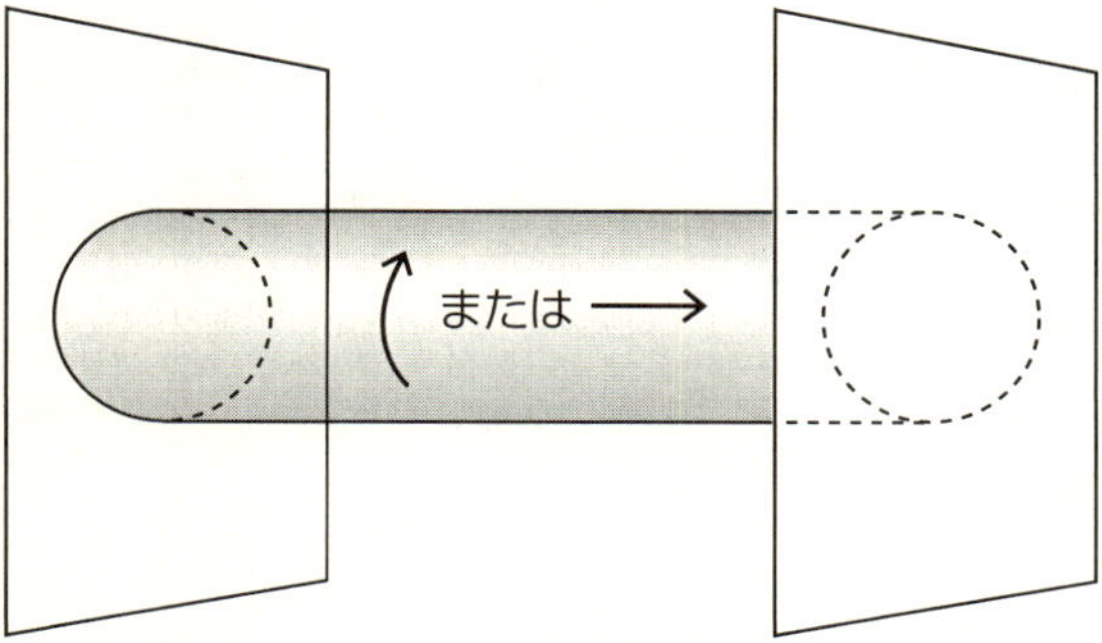

図42　２枚のDブレーンをひもがつないでいる

のだ。だから、開いたひもの場合、「孫悟空の対称性」は、ひもの端っこが空間に固定されるような特殊な境界条件を生み出すのである。

　これが「開いたひもの境界条件」としてのDブレーンの誕生という次第。

　しかしこのままでは、Dブレーンなどという大仰な名前をつける必要などない。単なる境界条件なのだから。

　だが、ジョゼフ・ポルチンスキーは面白いことに気がついた。

「開いたひもがグルリと一周するのは、見方を変えればDブレーン間を閉じたひもが飛んで相互作用することだ」

（図42　２枚のDブレーンをひもがつないでいる）

　なんとも奇妙ではあるが、たしかにDブレーンをつないでいる円筒部分は、両端が固定された境界条件の開いたひもが自分でグルリと円を描いているようにも見えるが、Dブレーンを主役と考えれば、２枚の物理的実体としてのDブレーンの間を閉じたひもが飛んでいる（つないでいる）

ようにも見える。

ということは、開いたひもの計算をやれば、Dブレーンが閉じたひもを「放射」したり他のDブレーンと相互作用する強さを計算できることになる。

実際、ポルチンスキーは、Dブレーンの物理的な属性を計算してみせた。その結果、たとえばDブレーンの張力は、超ひもの結合定数gの逆数に比例することなどが判明したのである。（張力は重さにほかならない。重ければ自身の重力によって張力が増すからである）

さて、こうして物理的な属性をもつことがわかったからには、Dブレーンは、もはや付属的な境界条件ではなく、超ひもと肩を並べることのできる立派な実体ということになる。もちろん、超ひもに方程式が存在するように、Dブレーンにも方程式があることがわかった。

だが、Dブレーンは、いったい、なんの役にたつのだろう？

次節でご紹介するつもりだが、Dブレーンは、超ひもとブラックホールの物理の橋渡し役になる。なぜなら、Dブレーンは（結晶の欠陥と同じような）「空間の欠陥」なのであり、それは数学的には「空間の孔」としてのブラックホールと同じだからである。

Dブレーンからは開いた超ひもが生えている。そして、開いた超ひも同士がぶつかるとちぎれて閉じたひもになって飛んでゆく。（図43　ミクロで見たホーキング放射）

不思議といえば不思議だが、要するに、

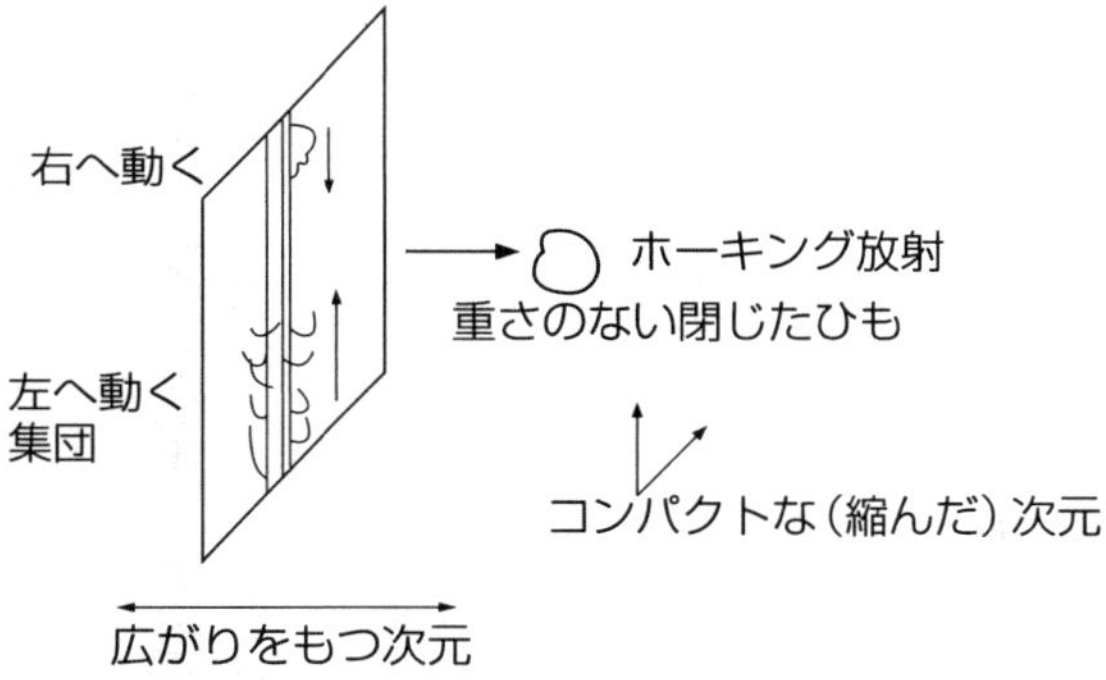

図43　ミクロで見たホーキング放射

超ひも　＝　Ｄブレーン　＝　ブラックホール

という奇妙な連鎖が存在して、真ん中のＤブレーンの存在を橋渡しとして、超ひもとブラックホールがつながる構図なのだ。

次節では、Ｄブレーンを重ねてしまうのだが、それは、もちろん、Ｄブレーンが量子的な存在であり、重ね合わせることが可能だからである。

Ｄブレーンをつかえば、超ひもの状態数を数えることができる。これは非常に重要である。

次節に出てくるが、たとえばN２枚のＤ２ブレーンとN６枚のＤ６ブレーンがある場合、超ひもは、Ｄ２ブレーンとＤ６ブレーンの間を張るので、その「状態」は$N2 \times N6$に比例するように思われる。実際は、超ひもの励起状態は指数関数的に増大するので、結果的に、その対数をとって、超ひものエントロピーが計算できるのだ。

そのような計算は、超ひもだけではできない。なにしろ、超ひもが張られているDブレーンの枚数を勘定しているのだから。

ブレーンでブラックホールを料理する

さて、ここでブレーンによるブラックホールのつくり方の具体例を見ることにしよう。

超ひも風「ライスナー－ノルドシュトレーム・ブラックホール」のレシピ

用意するもの
D6ブレーン数枚
D2ブレーン数枚
　5ブレーン数枚
丸まった6次元空間 ＝ 4次元ドーナツ1つ ＋ 円2つ

調理法
1　D6ブレーンを丸まった6次元空間全体に巻き付ける
2　D2ブレーンを2つの円に巻き付ける

3　5ブレーンを4次元ドーナツと1つの円に巻き付ける
4　ブラックホールのできあがり！

うーん、かなり解説が必要だろう。

まず、10次元空間から始めて、そのうちの6次元を丸めてしまう。残ったのが（われわれの棲む）4次元時空であり、ブラックホールもわれわれと一緒に棲んでいる。

ちなみにライスナー-ノルドシュトレーム・ブラックホールというのは、馴染み深いシュワルツシルト・ブラックホールを一般化したもので、重さのほかに電荷ももっている。つまり、帯電したブラックホールのことである。

D6ブレーンは6次元空間を占める物体だ。それを丸まって小さくなった6次元空間に巻き付けてやると一緒に小さくなってしまって、4次元時空にいるわれわれから見ると小さな点のように見えるはずだ。

同様にD2ブレーンは2次元の平面みたいな物体（＝膜）なので、それを2つの小さな円に巻き付けると4次元時空からは点みたいに見える。（円は1次元なので、円が2つで2次元という勘定だ）

5ブレーンはD5ブレーンとは別のブレーンである。超ひも理論には、実は、いろいろな種類のブレーンがある。ここに出てきた5ブレーンは、Dブレーンのようにネバネバしたイメージではなく、どちらかというとツルツルしている。5ブレーンは5次元空間を占める物体なので、やはり、小さな4次元ドーナツと1つの円に巻き付けると全体として小さくなってしまって、4次元時空のわれわれからは点のように見える。

この点がブラックホールなのである。

Dブレーンの枚数をいい加減に書いたが、実は、この枚数が超ひもの状態数 $(\sqrt{N})$ とブラックホールの電荷に対応している。電荷を増やそうと思えば単に枚数を増やせばいいのである。

コラム

高次元のドーナツ

4次元ドーナツというのも意味不明かもしれない。

実は、1次元のドーナツは円なのである。2次元のドーナツはふつうのドーナツの表面なのである。ぐるりと回ると元に戻るような方向があるから「ドーナツ」という言葉をつかっているだけなのだ。

3次元以上のドーナツも同様に考えていただきたい。

たとえば、ある朝、目が覚めたら部屋から出られなくなっていたとする。あなたの部屋には(奇妙なことだが!)あらゆる方向に扉がついている。ところが、東向きの扉を開けて外に出てみると、驚いたことに西向きの扉から部屋の中に戻ってきてしまった。今度は南向きの扉を開けて出てみると、北向きの扉から中に戻ってしまった。最後に階段を昇って天井の扉から二階に上がろうとしたら、地下に続いていたはずの扉から部屋の中に舞い戻ってしまった。

この3次元の牢獄こそが、ぐるりと回ると元に戻る方向が3つあるという意味で3次元ドーナツなのだといえる。

実は、われわれの棲んでいる宇宙そのものも、このような構造になっていて、ロケットで飛んでいったら、いつのまにか戻ってくる、という説もあるのだ。

あな恐ろしや。

宇宙は巨大なホログラムなのだろうか

ブラックホールの量子状態がDブレーン上の超ひもの状態数（＝ブレーンの枚数）と一致する、というのも驚きだが、ブラックホールのエントロピーには非常に哲学的な側面がある。

もともと3次元の物体であるブラックホールの物理的な性質であるエントロピーが体積ではなく面積とイコールだということは、ブラックホールの情報が2次元で決まる、ということを意味する。

なぜなら、エントロピーというのは、「乱雑さ」のことであるが、乱雑ということは「情報が確定していない、情報量が低い」ことの裏返しだからだ。

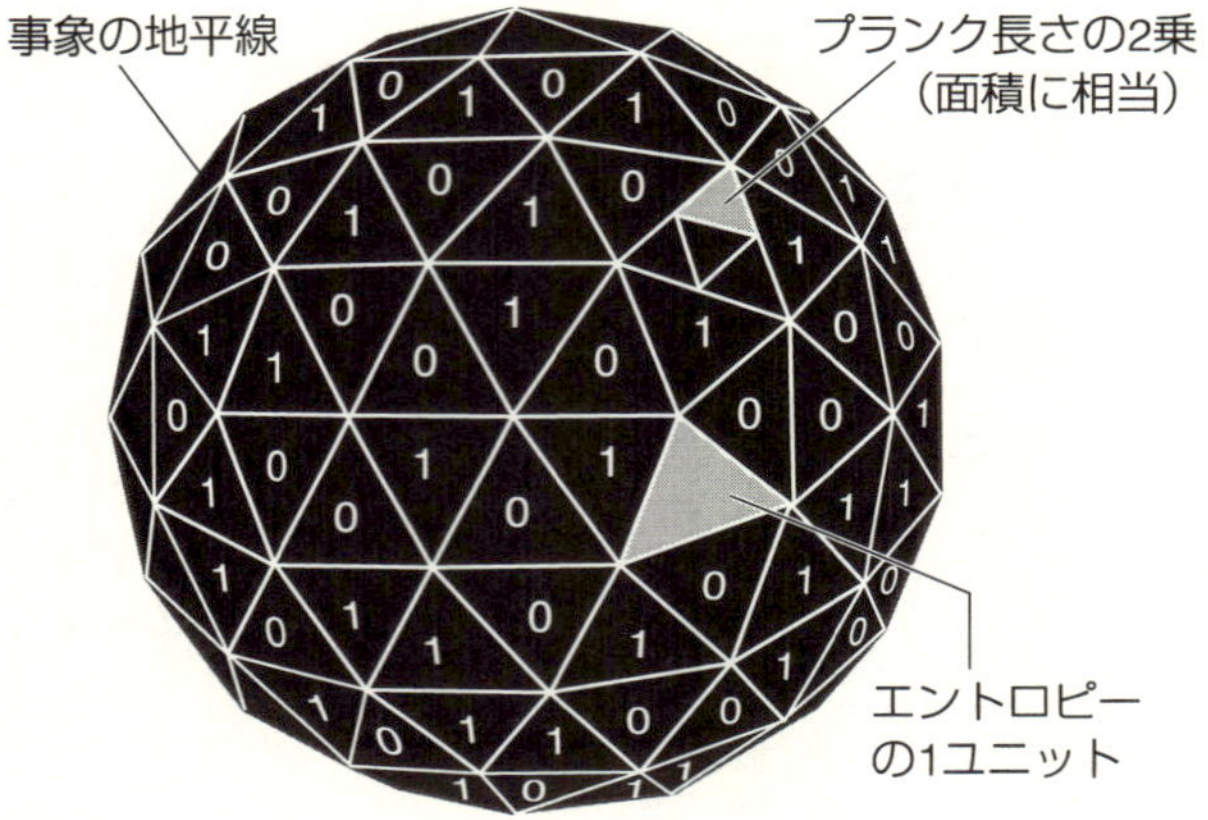

図44　ブラックホールの表面はコンピューターの０と１になっている？
（「Scientific American」2003年8月号より改変）

実際、情報量はエントロピーの符号をマイナスにしたものとして定義される。（たとえば、固体分子の位置はさほど乱雑でないので、エントロピーは低いが、「それぞれの分子がどこにあるか」という情報量は大きい。気体になると乱雑さが増し、エントロピーは大きくなるが、情報量は低い。これは厳密な数学的な関係であり単なる比喩ではない）

情報量 ＝ エントロピーの逆

ということは、ブラックホールの「情報」は「2次元」に押し込められている、という解釈が成り立つ。

パソコンの中では0と1のビットによって情報が流れている。ブラックホールの場合は、この0と1という数字が、まるで表面に刻印されているかのような情況なのだ。（図44　ブラックホールの表面はコンピューターの0と1になっている？）

ひとつのイメージとしては、ブラックホールの表面が小さな三角の網目のように分割されていて、その1つ1つに0か1の数字が書いてある感じだろうか。（実際、このあとに出てくるループ量子重力理論やM理論では、時空そのものが量子化されており、ブラックホールの表面も連続ではなく、飛び飛びの領域からできていることになる）

いずれにせよ、ポイントは、ブラックホールの情報が面積に比例することであり、実際のブラックホールは体積をもっていることである。

これはつまり、2次元の情報が3次元の物体をつくっている、ということではないのか？

われわれに馴染み深いホログラフィーでは、すべての情報は2次元の板に封じ込められている。そこに光を照射すると、あざやかな3次元画像が出現する。2次元の板がもっている情報と3次元のホログラムの情報は同じである。同じならば、どちらがホンモノかを問うことは意味がない。

超ひも理論における「ホログラフィー原理」とは、ブラックホールの情況が、まさにホログラムになっているのではないか、というところから始めて、この考えを一般化したものだ。

ホログラフィー原理　宇宙はn次元の情報を（$n+1$）次元に投影したものである。情報量は同

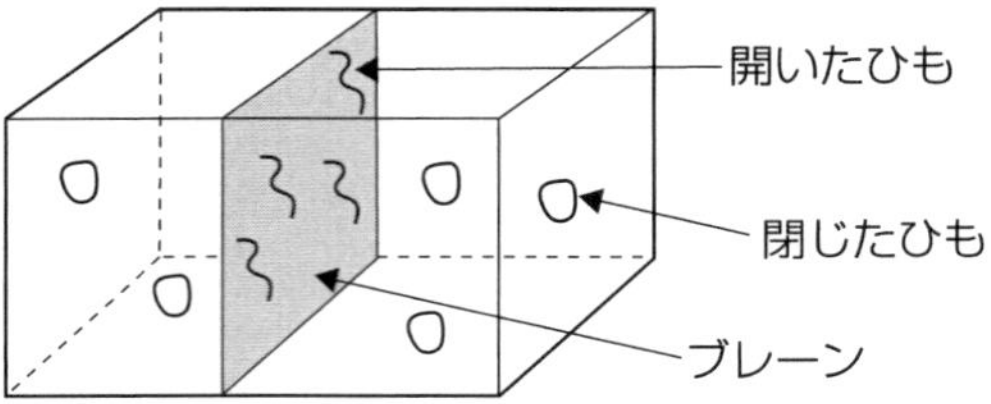

図45　ホログラムとホログラム板

・箱全体が5次元時空で、間仕切りの面（＝ブレーン）がわれわれの棲む4次元時空
・閉じたひも（＝重力子）は5次元を自由に飛び回っていて、われわれの4次元ブレーンにもぶつかったり、突き抜けたりする
・開いたひも（＝クオーク）は4次元に「足留め」されていて、閉じたひもとの相互作用の結合定数が強い力の「色電荷」として観測される
（「Physics World」2003年5月号より改変）

じなのでどちらの記述も妥当である。

ブラックホールの場合であれば、2次元の情報を3次元空間に投影しているのだが、もちろん、情報量が同じである以上、どちらの記述が正しいかを問うことは意味がない。

われわれの4次元時空がホログラムだとすると、どこかに3次元の情報源があるはずだが、いまのところ、そのようなホログラム板は見つかっていない。

だが、1998年にプリンストン大学（現ハーバード大学）のファン・マルダシーナは、5次元と4次元の厳密な対応例を見つけた。最近の研究によって、その関係はさらに進展し、特殊な5次元時空とその境界にあたる4次元時空の間に密接な関係があるらしいことがわかってきた。（図45

ホログラムとホログラム板）

われわれの4次元時空は図ではブレーンであらわされている。ホログラム板というわけである。この4次元時空の外にある5次元時空が投影されたホログラムにあたる。

ブレーンの上にある超ひもはクオークをあらわしている。5次元の立場から見れば、閉じたひもは重力であり5次元を飛び回っているが、4次元のブレーン世界とは、ぶつかるときにだけ相互作用する。4次元に封じ込められている立場からすれば、この閉じたひもの挙動が、まるで色電荷のように見えるのだ。

ミソは、ホログラム板の情報とホログラムの情報が同じだとすると、ホログラムの分析によって、ホログラム板に書かれている情報が推測できる点だ。4次元の強い相互作用の計算は難しいが、5次元の重力の計算ならできる。だとしたら、超ひも理論をつかって、クオークのふるまいを計算すればいいのである。

もちろん、情報量が同じなのだから、逆にホログラム板の分析によって、ホログラムの内容もわかる。

いや、もっと精確にいえば、次のような対応関係がある。

5次元の重力　　　　ひもの結合定数が大きい（小さい）
4次元の強い力　　　色電荷が小さい（大きい）

都合がいいことに、片方の結合定数が大きいときは他方の結合定数が小さいのである。前に述べたように結合定数が小さくないと計算はできないわけだが、このような対応関係があるので、色電荷が強くて計算できないときは、その「分身」である5次元の超ひも理論の計算をやって、結果を4次元に翻訳してやればいいし、逆もまたしかり。

　だから、4次元の強い力の理論と5次元の重力理論とは、互いに相手の欠点をカバーすることができるのである。

コラム

反ドジッター空間とヤン-ミルズ理論

　この節のホログラフィー原理に登場した5次元重力と4次元の強い力の理論は、精確には、5次元反ドジッター空間とヤン-ミルズ理論と呼ばれている。

　反ドジッターはAdS（Anti-de Sitter）と略記される。

　ウィレム・ドジッター（1872—1934）はオランダの天文学者でライデン天文台長も務めた人物だ。1916年から1917年にかけて、ドジッターは、「物質がないにもかかわらず時空が曲がっている」ような一般相対論の解を見つけた。1932年にはアインシュタインと一般相対論の共同論文を書き、「宇宙は膨張しており、光を発しない暗黒物質がある」と、ダークマターの存在を予告した。

ドジッター空間には宇宙定数があってイメージとしては「球」のような宇宙だが、反ドジッター空間はマイナス符号の宇宙定数があって「馬の鞍」のような恰好をしている。

ヤン-ミルズ理論（Yang-Mills theory）はヤンとミルズという人名からとられている。電磁気力を伝える光子は自身は電荷をもたないので、光子同士は直接は相互作用をしない（＝光子と光子の間には力が働かない）。

それに対して、原子核を糊づけしているグルーオンは自分自身が色電荷をもつので、グルーオン同士も直接、相互作用をする。

このように力を伝える素粒子が自分同士でも相互作用する理論をヤン-ミルズ理論という。

超ひも理論VS.ループ量子重力理論

ここまで、超ひも理論とブレーンの話に終始してきた。だが、超ひも理論は、そもそも量子重力理論の最有力候補だからこそ注目を浴びているのである。そこで、もしかしたら、読者の頭には、次のような疑問が渦巻いているのではあるまいか？

「量子重力理論の有力候補は他に存在しないのか？」

実にもっともな疑問である。

答えからいうと、

「ループ量子重力理論が有力な対抗馬として急浮上してきている」

となる。

私は以前ブルーバックスで『ペンローズのねじれた四次元』という本を書かせてもらったことがあり、そこではペンローズの（スピンネットワークから発展した）ツイスター理論と超ひも理論が両方とも量子重力理論の候補だと書いた憶えがある。

今でもこの考えは基本的に変わっていないが、ツイスターよりもループ量子重力理論のほうが有力になってきていると考えている。「基本的に変わっていない」というのは、ループ量子重力理論はペンローズのスピンネットワークから出てくるのであり、その意味で、ループはツイスターと兄弟関係にあるからだ。

さて、超ひも理論の枠組みを思い出していただきたい。

超ひも理論の仮定　量子論 ＋ 相対論 ＋ 超対称性 ＋ ひも

ここには重力の要素はないが、結果として、閉じたひもが重力子と同じふるまいをすることがわかったわけだ。

次にループ量子重力理論の構造を見てみよう。

ループ量子重力の仮定　量子論 ＋ 重力理論

不思議である。従来、重力理論と量子論は統合することができなかったからこそ、あえて重力を忘れて「ひも」を導入した超ひも理論が成功を収めつつあるのだ。ループ量子重力理論は、どうやって、長年の懸案を解決したのだろうか？

実は、ループ量子重力理論は、誰もが暗黙裏に仮定していた、

「時空は連続である」

という考えを棄てたのである。

重力理論は「時空が曲がっている」ことを「重力」と見なす理論である。量子論は「不確定性」を追加する理論である。重力理論に量子論を合わせたら、いったいどんなことが起きるだろう？　時空が不確定になるのではあるまいか？　時空が不確定になるというのは、要するに、連続でなくなるということではないのか？

実際、ペンシルベニア大学のアブヘイ・アシュテカー、メリーランド大学のテッド・ジェイコブソン、ペリメター理論物理学研究所のリー・スモーリンと地中海大学のカルロ・ロベーリらは、時空が連続だという仮定を取っ払ってみて、その上で重力理論が量子論と統合できるかどうか検討したのであった。

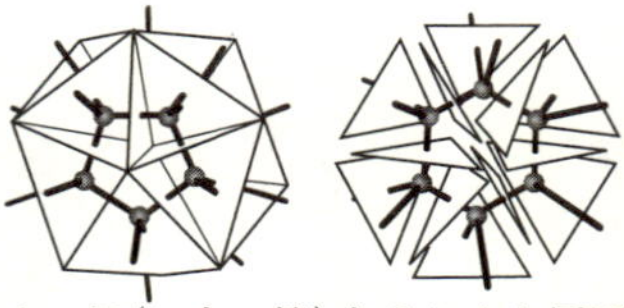

(「Physics World」2003年11月号より改変)

・ノード(＝丸い節)とそこから周囲に伸びるリンク(＝線)からなるネットワークは、たくさんのループ(＝輪)がつながったかっこうに見える
・リンクは面を貫き、結果的にノードの周囲は面で囲まれるので、

リンク ←→ 面積
ノード ←→ 体積

という対応関係が生まれる
・本来は、リンクとノードだけが基本的な存在であり、面積と体積は、人間が世界を理解するための「概念」として二次的に派生したのだと考える
・ノードとリンクの全体には「スピンネットワーク」という名前がついている

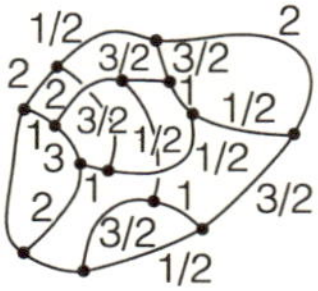

(「Physics World」2003年11月号より改変)

・リンクに割り振られている数字を(素粒子がもつ「自転」の属性である)「スピン」と呼ぶ
・つまり、面積や体積からなる「時空」の大本はスピンのネットワークということになる

図46　スピンネットワークが時空をつくる

その結果、どうやら、「時空は連続ではない」ということがわかり、1980年代の半ば以降、ループ量子重力理論の研究は飛躍的に進んだのである。

　さて、超ひも理論とループ量子重力理論には決定的なちがいが1つある。それは、「背景時空」の問題である。超ひも理論の場合、あらかじめ、ひもが動くことのできる背景となる時空を用意してやらねばならない。その次元の数は整合性から決まるわけだが、とにかく、時空がないことには話が始まらない。(仮定に含めなかったのは、それなりの理由あってのことである。最終節に登場するM理論と関係するのである)
ループ量子重力理論は、あらかじめ背景となる時空は仮定しない。実際、時空という概念は二次的に派生することになる。それでは一次的な構成要素は何かといえば、スピンネットワークという名の抽象的な「グラフ」なのだ。(図46 スピンネットワークが時空をつくる)
読者は、もしかしたら、
「時空だろうとスピンネットワークだろうと、どちらでもいいではないか?」
と思われたかもしれない。
ところが、どうやら、スピンネットワークのほうがより基本的な存在らしいのだ。なぜなら、重力が強くなったり、量子的な不確定性が大きくなったりすると、時空という概念は使えなくなるのに対して、スピンネットワークの描像は、常に使うことが可能だからである。

コラム

ループとは?

ループ量子重力理論の「ループ」ってなんだろう? これは、実はファラデーの「力線」の考えを重力にまで一般化したものだと考えられる。電磁気の電気力線は、電荷が源になっているが、電荷が

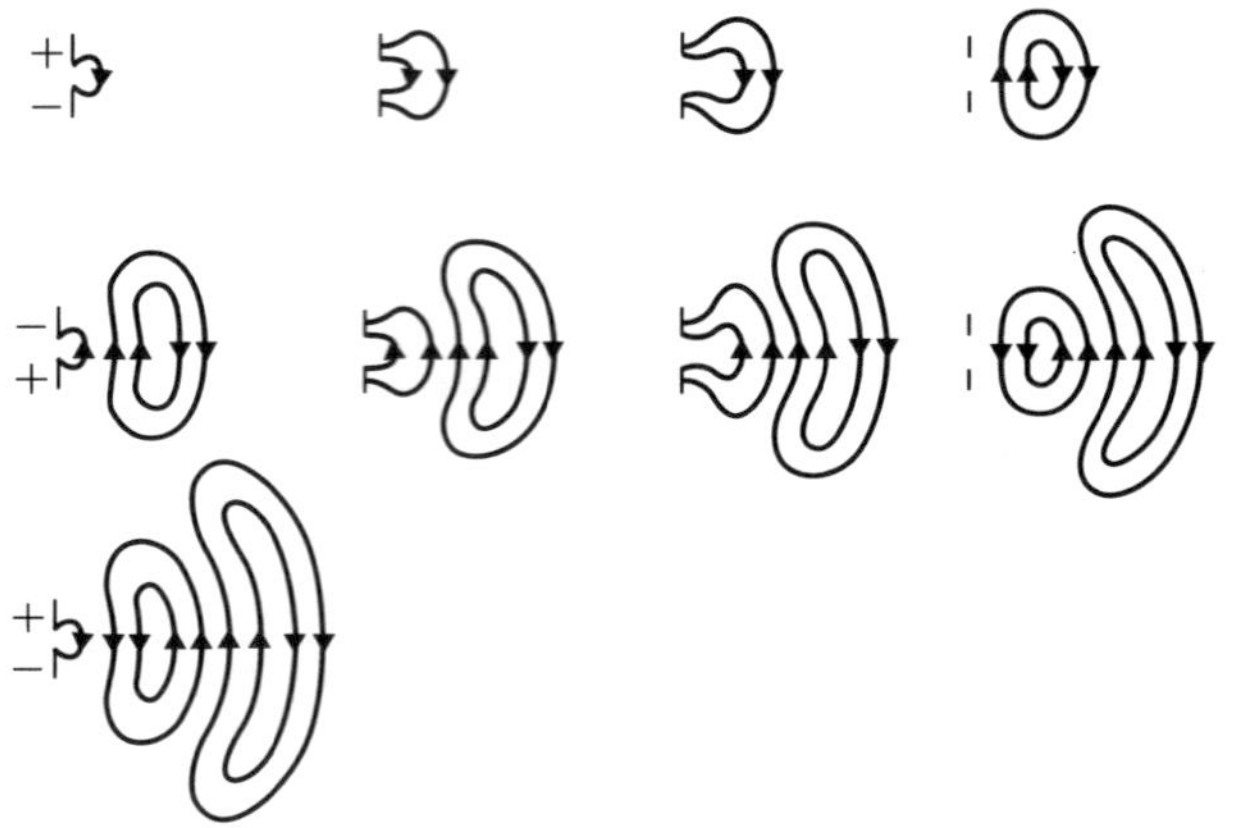

図47　力線のループ

（青野　修『いまさら電磁気学？』より改変）

ない場合はどうなるだろう？　たとえば、電磁波は「力線が電荷からちぎれて輪っかになって飛んでゆく」ことだと解釈できる。輪っか、すなわちループである。（図47　力線のループ）

　電磁気の場合は、まず最初に背景時空があって、その上をループが移動するのだと考えられる。この描像は超ひも理論でも同じである。ループが滑らかな時空の上を滑ってゆく感じだ。

　ところがループ量子重力理論は逆転の発想なので、ループそのものを基本的な実在と仮定する。そして、ループ同士の相互関係だけを考える。それは、ちょうど輪っかをたくさんつなげた状態である。

問い　このループは「どこ」に存在するのか？

答え　どこにも存在しない

背景時空を仮定しないのであるから、ループがどこにあるかを問うことは意味がない。頭を切り替えないといけないのである。あるのは、ループ同士の関係だけである。ループはノード（結節点）とリンクからできている。われわれは、このリンクが「時空面」を貫いていると錯覚する。そして、ノードを囲む面が「時空体積」をつくるのだと錯覚する。

実際に存在するのは、

ループ＝ノード＋リンク

なのだが、われわれは、そこから時空という幻想を抽出するのである。

万物の理論をテストする？

最近の理論の発展が「超ひも理論ルネサンス」といわれる所以《ゆえん》は、実は、ブラックホールの計算がベケンシュタイン-ホーキングの予測と合っていたからだけではない。その後の発展によって、どうやら、実験も観測も不可能だと思われていた超ひも（およびループ量子重力）理論も想像の産物から具体的な実験物理学への道を歩み始めたようなのだ。

超ひも理論が実験できる？　本当なのだろうか？

この本でも繰り返しプランク長さとプランク・エネルギーについて述べてきた。そして、

「超ひも理論は実験的に検証可能ではない。なぜならプランク・エネルギーは大きすぎて人類の手には届かないから」

ということを前提としてきた。

2007年に稼働予定の世界最高エネルギーの粒子加速器（ヨーロッパ合同原子核研究機関のLHC：大型ハドロン衝突器）は円周が27キロメートルもある。だが、その最高エネルギーでさえも、プランク・エネルギーの10^{16}分の1（1京《けい》分の1）にすぎないのだ。人工的にプランク・エネルギーをつくりだすためには、現行のテクノロジーでは、現在観測できている範囲の宇宙よりも大きな円周をもった加速器を建設する必要がある。

そんなこと無理に決まっている！

実際、実験が可能だと断言するつもりもないし、個人的には検証できたとしても数十年はかかると考えているし、もしかしたら永遠に無理かもしれないと秘かに思ってもいる。

だが、そういった個人的な意見は別として、最近、物理学者たちは、本気で超ひも理論やループ量子重力理論を「検証」しようとして動き始めている。

そこで、超ひも理論とループ量子重力の理論予測の現状をまとめてから、実現可能な実験・観測のシナリオをご紹介しましょう。ただし、話はいくらでも複雑になりうるので、細かい留意点などはバッサリ落としておりますので、ご注意ください。

まず、超ひもの理論予測だが、たとえば、現在観測されている素粒子の種類などを算出することは充分に可能だ。いいかえると、超ひも理論からワインバーグ-サラムの素粒子の標準理論を導くことができる。

また、超ひも理論は必然的に10次元とか11次元の高次元理論になるので、われわれが見ている4次元時空のほかに「余分な次元」が存在する。これも考えてみれば一種の理論予測である。

さらには、ベケンシュタイン-ホーキングのエントロピーを見事に計算してみせた以上、実際に小さなブラックホールが蒸発する、というのも超ひもの理論予測だといえるだろう。

理論の構成としては、最初からアインシュタインの重力理論が組み込まれていないにもかかわらず、閉じたひもが重力子をあらわすという意味で、重力理論が紡ぎ出されるのも理論予測である。

まとめてみよう。

＝超ひも理論の理論予測＝

1　ワインバーグ-サラムの素粒子の標準理論を導くことができる
2　6または7次元の余分な次元が存在する
3　ブラックホールのエントロピーと蒸発
4　アインシュタインの重力理論が出てくる

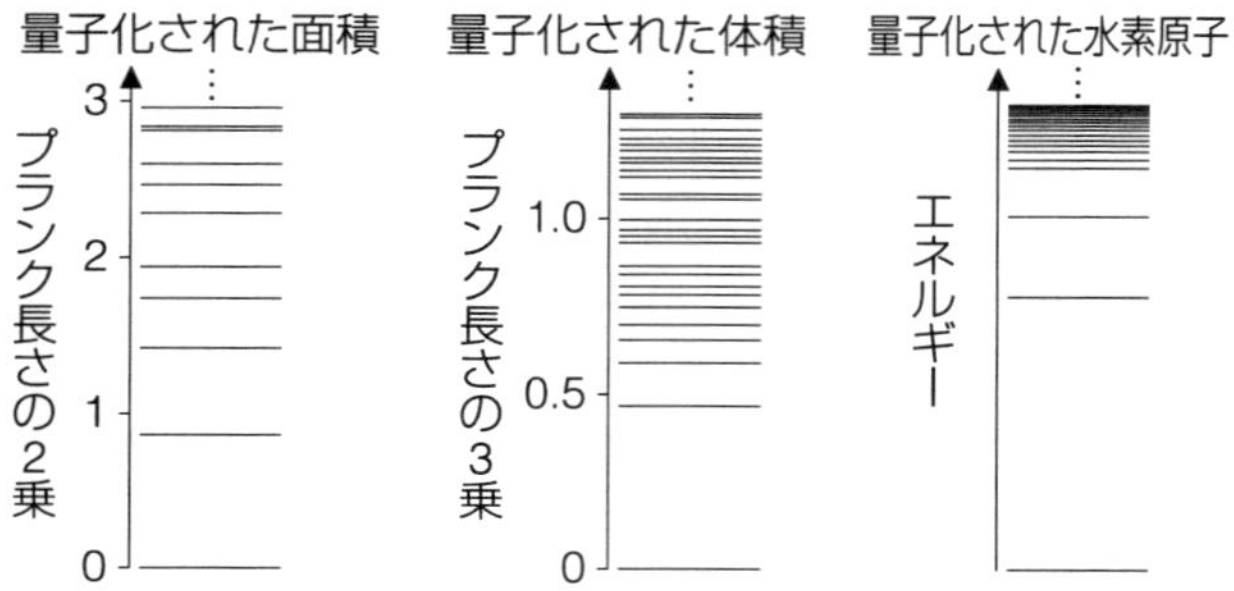

図48　ループ量子重力理論では面積と体積が飛び飛びになる

・左から順に「量子化された面積」、「量子化された体積」、「量子化された水素原子」(＝ふつうの水素原子のエネルギー準位)

・面積はプランク長さの2乗、体積はプランク長さの3乗が目盛りの基準になっている

(「Scientific American」2004年1月号より)

次に、現時点での超ひも理論の最大のライバルと目されるループ量子重力理論だが、まず、面積と体積がプランク長さを基準として量子化される。(図48　ループ量子重力理論では面積と体積が飛び飛びになる)

また、超ひも理論と同様、ベケンシュタイン-ホーキングのブラックホールに関する予測が係数まできちんと計算できる。

そして、驚いたことにアインシュタインの特殊相対性理論のエネルギーの式に微修正を迫ることになる。その結果、光速度もエネルギーに依存することになる。これは、とても大胆な理論予測だといえる。

まとめてみよう。

＝ループ量子重力理論の理論予測＝

1　面積と体積が量子化される

2　ブラックホールのエントロピーと蒸発
3　光速度がエネルギーに依存（エネルギーが大きいと速くなる）

いかがだろう？

実は、いろいろと微妙な点はある。たとえば、ループ量子重力理論は、もともと4次元時空から出発しているので高次元の存在は予測しない。だが、理論構成からいって、実は、何次元でも矛盾しないのである。だから、仮に「余分な次元」の存在が実験的に確認されても、それだけで超ひも理論に軍配が上がったことにはならない。

また、ループ量子重力理論は、相対論や量子論と同じような基礎理論であって、統一理論ではないので、最初からワインバーグ-サラムの統一理論のようなものは出てきようがない。

さて、いろいろな予測を上げたが、このうち、近い将来、実験・観測が可能なのはどれだろうか？　断定はできないが、今のところ、超ひも理論については2の「6または7次元の余分な次元が存在する」と3の「ブラックホールのエントロピーと蒸発」という予測がたしかめられる可能性がある。

1の「ワインバーグ-サラムの素粒子の標準理論を導くことができる」という点については、のちほど具体的な方法をご紹介するが、残念なことに、この理論予測は、ある意味「予測」とはいえない弱点をはらんでいる。

また、4の「アインシュタインの重力理論が出てくる」というのは、(超ひも理論の大御所の)エドワード・ウィッテンによれば「事後予測」なのだそうで、仮に宇宙のどこかに重力の存在を知らない知性がいたとして、なんらかの理由で重力理論よりも先に超ひも理論を発見していたら、それは立派な理論予測になっただろう、というのだが……。地球人は(幸か不幸か)ニュートンとアインシュタインが超ひも理論よりも先に重力理論を完成してしまったので、ちょっと説得力に欠けるかもしれない。もちろん、ウィッテンがいっていることは完全に正しいのだが、理論を実験・観測によって検証するときは、やはり、実験・観測のほうが後でないとインパクトがない。

次にループ量子重力理論に移ろう。

こちらの陣営は、2の「ブラックホールのエントロピーと蒸発」および3の「光速度がエネルギーに依存(エネルギーが大きいと速くなる)」が検証される可能性がある。

1の「面積と体積が量子化される」点については、予測としては決定的ではあるが、すぐに検証できるかどうかわからない。

さて、話がごちゃごちゃしてきたが、ブラックホールの蒸発については、ホーキングが関係しているので、別のところできちんと書きたいということと、今のところ「将来の粒子加速器で偶然見つかるかもしれない」あるいは「天文観測によって偶然見つかるかもしれない」としかいえないので、これ以上は踏み込めない。

次節では、以下、

超ひも　6または7次元の余分な次元が存在する
ループ　光速度がエネルギーに依存（エネルギーが大きいと速くなる）

の2つの可能性に的を絞って解説しよう。

超ひも理論と新しきブレーン世界

まず超ひも理論のほうから。

これまで小さすぎて（＝エネルギーが大きすぎて）実験的な検証は不可能だと思われていた「余分な次元」の存在だが、にわかに脚光を浴びてきた。それは、「重力が4次元から洩《も》れているかもしれない」という説が浮上してきたからだ。

基本的なアイディアは、次のようにまとめることができる。

1　われわれは4次元のブレーン世界に閉じ込められている4次元人だ
2　だから光子などの力も電子などの物質も4次元から出られない

3　だが重力子だけは余分な次元にも出て行くことができる

これまで、余分な6次元や7次元は「プランク長さ」くらいにまで縮まっている、というのが暗黙の仮定だった。だって、肉眼でも見えないし、電子顕微鏡でも見えないし、世界最高エネルギーの粒子加速器でも「見えない」からだ。

ところが、ここにきて、物理学者たちは、「見えない」のは、そもそも光子などの素粒子がわれわれとともに4次元のブレーン世界に閉じ込められているからであり、そもそも見る方法がまちがっていただけではないか、ということに気がついたのだ。

これは、ちょうど、劣化ウラン弾から出る放射線のα線を観測するのに、γ線観測器で測定してもダメなのと同じだ。あるいは、病院で検査を受けるときにX線では見つからなかった病巣がMRIなら発見できるようなものだ。さらにいえば、天文観測において、光子を観測してもわからないことがニュートリノを測ればわかるようなものだ。

で、もともと超ひも理論は高次元の重力理論であり、重力子は、最初から10または11次元宇宙を自由に飛び回っている。だから、重力の挙動を精確に測定してみれば、それが余分な次元に「洩れている」ことがわかるかもしれない。

図をご覧いただきたい。（図49　われわれの宇宙はブレーン世界なのだろうか）

4次元時空は絵に描くのが大変なので（便宜上）2次元のブレーンにしてあるが、この平面が

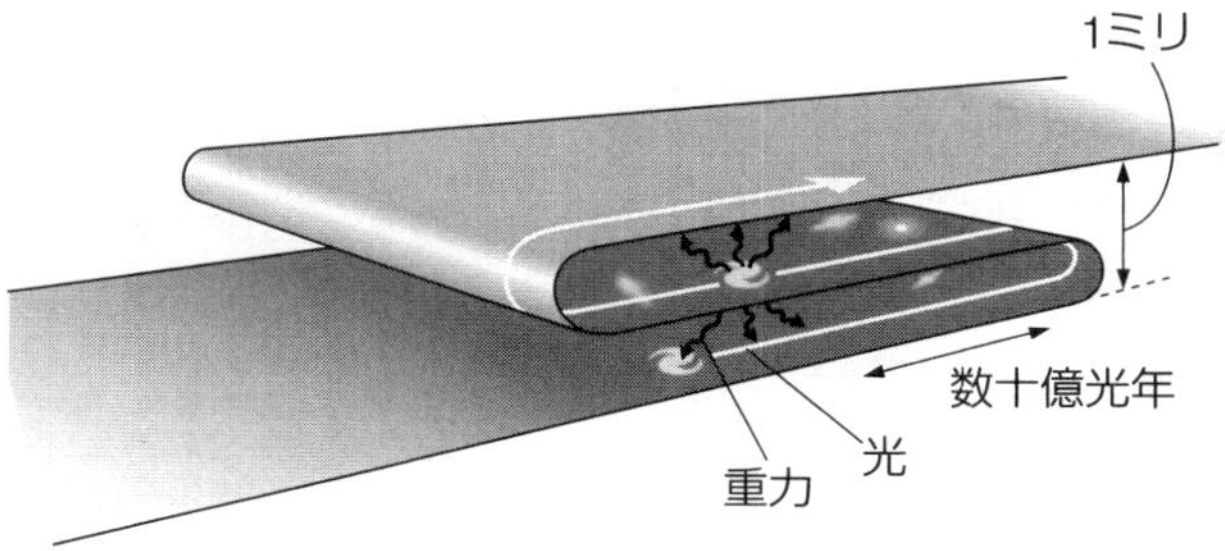

図49　われわれの宇宙はブレーン世界なのだろうか
（「Scientific American」2000年8月号より改変）

「われわれの閉じ込められているブレーン世界」だと考えてほしい。これまで、われわれは、自分たちのブレーン世界ばかり見てきたのである。

前に出てきたが、そもそも近似的にニュートンの重力の法則が距離の2乗に反比例して弱くなるのは、空間が3次元だからだ（思い出していただきたい。球面を力線が貫く場合、その密度は、球面の面積の$4\pi r^2$に反比例して弱くなるのだった）。仮に重力は3次元空間ではなく、本当は4次元空間にまで出張っていくことができたとしよう。すると、重力は、距離の逆2乗ではなく逆3乗で弱くなるにちがいない。

つまり、重力が余分な次元に洩れるとすると、距離が遠くなるにしたがって急激に弱くなるのである。

うん？　そんなこと言ったって、天体の運動や火星探査機の計算にはニュートンの逆2乗則が使

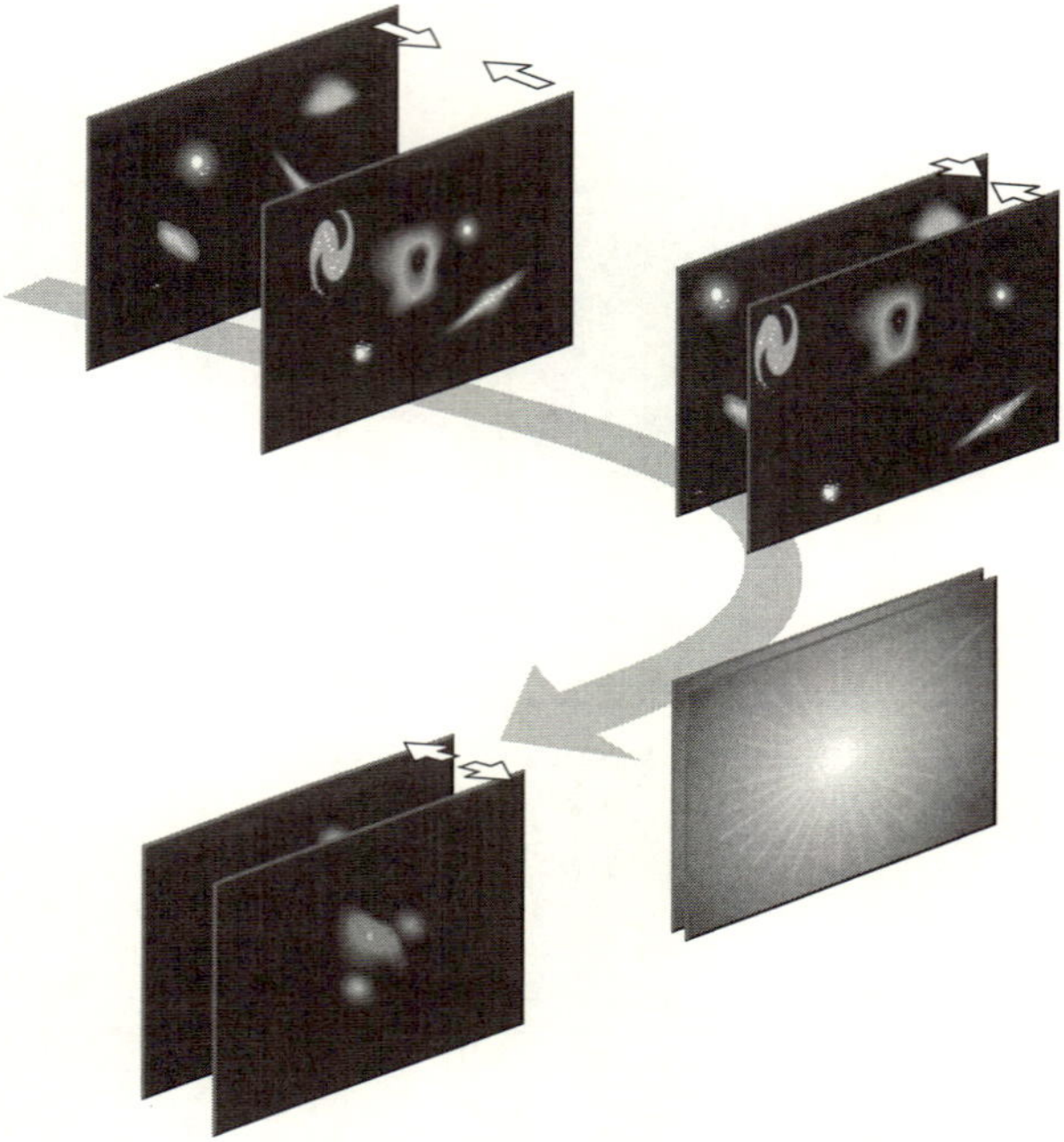

図50　周期的にビッグバンを起こす宇宙
（「Scientific American」2002年3月号より改変）

われていて、そんな「洩れ」はないことがわかっているゾ。とんでもない机上の空論だ！

読者のお怒りごもっとも。

だが、たしかに天文規模での重力の実験は繰り返し行われてきたが、もっと近距離における重力の「逆2乗則からのズレ」の実験は、盲点だったのだ。

2004年の時点では、0・1ミリくらいまでは逆2乗であることが確かめられているが、それより短い距離で重力が「洩れている」可能性は否定できない。近い将来、そのような重力のわずかな洩れが実験で確かめられたとしたら？

これは、まんざら冗談ともいえないのである。

このシナリオにはいろいろなバージョンがある。

バージョン1　余分な次元は大きくてもかまわない（ランドールとサンドラム）

うーん、思わずアタマを抱え込んでしまう。だって、余分な次元が大きかったら、重力は底の抜けた（？）ざるのごとく、どんどん洩れていってしまうから、天体の運動にだって影響を及ぼすのではあるまいか？

いいや、たしかに余分な次元が「平ら」だとすると、小さくなくては辻褄《つじつま》が合わないものの、余分な次元が「曲がっている」とすると、少なくとも重力の「洩れ」に関しては、現在の実験精度と矛盾しないのだそうだ。

オドロキである。

バージョン2　平行ブレーン宇宙が存在する（スタインハルトとチュロック）（図50　周期的にビッグバンを起こす宇宙）

うーん、またまたアタマを抱え込んでしまう。今度は、なんとわれわれが閉じ込められているブレーン世界と瓜二つ（？）のブレーン世界が存在していて、その間は重力だけでつながっていて、くっついたり離れたりしているというのだ。

しかも、その平行宇宙たるや、（このシナリオでは双子の世界以外の余分な次元は小さいので）われわれの宇宙のすぐ近くにあってもかまわないというのだ。

目と鼻の先にあるのに、まったく気がつかないとは、われわれもマヌケとしかいいようがないが、要するに、光子も素粒子も自分たちの3次元空間のブレーン世界に閉じ込められているから、いくら近くにいても平行宇宙（＝もう1つのブレーン）は「見えない」のである。でも、重力を測定すれば「見る」ことが可能かもしれない。

このバージョン2のシナリオは世界中で話題になった。それは、このシナリオが、重力の洩れだけでなく、宇宙論のさまざまな懸案を解決するからなのだ。

懸案その1　ビッグバンの謎

宇宙はビッグバンから始まったといわれて納得する人もいるが、

「それならビッグバンの前はどうなっていたのだ？」

と首を傾げる人もいる。それは物理学者だって同じだ。ところが、このバージョン2のシナリオによれば、高次元宇宙には2つのブレーン世界があって、その間はバネ（＝重力）でつながっていて、ちょうど楽器のシンバルのようにぶつかったり離れたりしているというのだ。

そう、もうおわかりのように、2枚のブレーン世界が衝突するのが「ビッグバン」なのである。その後、2枚のブレーンは離れてゆくが、やがて、重力のバネの力に引き戻されて、ふたたび衝突する。次のビッグバンである。こうやって、2枚のブレーン世界は、永遠にビッグバンと宇宙創世を繰り返すというのだ。

懸案その2　銀河の種の謎

2枚のブレーン世界がぶつかると、ブレーンの「皺《しわ》」がエネルギーの「ゆらぎ」となって、やがては銀河の「種」になる。そして、そのゆらぎは、なんとインフレーション宇宙の仮説が予測するもの（そしてハッブル宇宙望遠鏡やWMAPで確認されたもの）と寸分違わないというのだ。

懸案その3　ダークエネルギーの謎

それだけではない。2000年前後の天文観測の精度の向上によって、いまや、宇宙には目に見えない「ダークエネルギー」が充ち満ちていることが明らかになった。通常の物質は宇宙の全エネルギーの4パーセントを占めるにすぎず、残りの96パーセントはダークマターやダークエネルギーになっていて、どんな天文観測手段を用いても「見えない」。

そう、バージョン2のシナリオによれば、もちろん、ダークエネルギーは光では見えない。なぜなら、それは2枚のブレーン世界をつないでいるバネ、すなわち重力だからである。

だとしたら、われわれは、

「ダークエネルギーは見えない。不思議だ」

と首を傾げるのではなく、

「ダークエネルギーこそが新しきブレーン世界の証拠だ」

と小躍りして喜ぶべきなのかもしれない。

コラム

重力が洩れると4つの力は統一される

本当に余分な次元があって重力が洩《も》れているのかどうかわからないが、もし本当だとすると、とても都合のいいことがある。それは、比較的低いエネルギーにおいて、重力も含めた4つの力が統一されるからである。

　つまり、われわれは、太陽系よりも大きな加速器を建設せずとも、近い将来、4つの力の統一理論、すなわち「究極理論」をたしかめることができるのだ。

　なぜだろう？

　余分な次元があって、ある距離より短いところでは重力が洩れていると仮定しよう。すると、その距離以下では、重力は逆2乗ではなく逆3乗とか逆6乗とかで弱くなるはずだ。

　本当は、大統一理論（=強い力と電磁力と弱い力が一緒になる）の距離では、重力も他の3つの力と同じ強さだったのだ。ところが、重力は、他の3つの力とちがって、余分な次元の方向へ洩れてしまうから、たとえば逆3乗で距離とともに急激に弱くなってしまう。余分な次元の大きさよりも距離が大きくなると、逆2乗に移行するが、時すでに遅し、現在の測定値は、電磁力と比べて約40桁も弱くなってしまった。

　つまり、余分な次元が存在すると仮定すると、

「なぜ、重力だけが飛び抜けて弱いのか？」

という長年の物理学の懸案が解決できるのだ。

「大昔、余分な次元に洩れてしまったから！」

　それと同時に、究極理論の検証が、われわれの手の届く範囲にまで引き寄せられるのだ。

　一挙両得ではないか。

光速度一定の原理破れたり？

ループ量子重力理論の具体的な3つの理論予測のうち、近年中に具体的に決着がつきそうなのが3の「光速度がエネルギーに依存（エネルギーが大きいと速くなる）」である。

空間が連続的ではなくプランク長さのレベルで離散的だとすると、そのような「格子」の上を伝わる波の速度は変わってくる。波の波長が短いと速く伝わるのである。

だが、どれくらい速く伝わるのであろうか？

答えは、

「プランク長さと波長の比率」

ということになる。もちろん、実際に空間を伝わる（なんらかの）波の波長は、プランク長さと比べて非常に大きい。なぜなら、プランク長さほど小さい波長はプランク・エネルギーに匹敵するわけで、おそらく宇宙の初期にしか存在しなかっただろうし、そのエネルギーも宇宙の膨張にともない「冷えて」しまって、波長は大きく間延びしているにちがいないから。よしんば、プランク長さの波が存在したとしても、人間が観測可能な波長には限界がある。

だが、どうやら、宇宙の果てから飛んでくる「γ線バースト」と呼ばれる高エネルギーの光子を観測すれば、光速がエネルギーに依存するか否か、決めることができそうなのである。

このγ線バーストには都合のいい点が2つある。

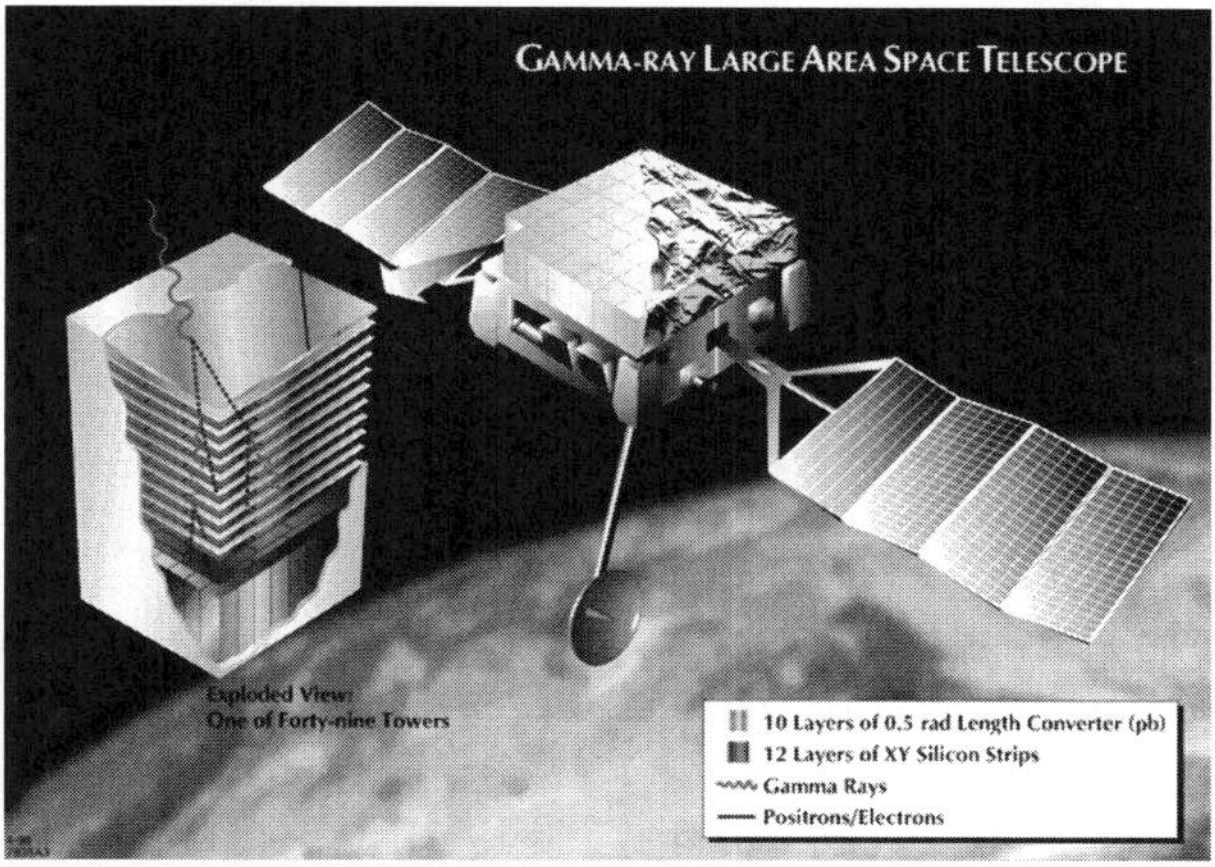

図51　GLASTは光速度不変からのズレを検出できるだろうか　ⓒ NASA

1　γ線バーストは1回限りの閃光のようなものだ

だから、ある特定のγ線バーストから放出された光子の群れは、いっせいに地球に押し寄せてくる。バーストは1回限りなので、光子の群れは、同時に地球に届くはずだ……光速度が厳密に一定なのであれば。

光子の群れの中には、同じγ線とはいえ、エネルギーが高いものと低いものがある。だから、もしも光速度がエネルギーに依存するのであれば、光子の群れは同時ではなくバラバラな時間に地球に致達するにちがいない。

もう1つ、都合のいい点がある。

2　γ線バーストは何十億光年もの彼方《かなた》からやっ

てくる

遠くから延々と旅してくるのである。だから、エネルギーのちがいによる光速度の差がきわめて微小だったとしても、何十億年も旅をしているうちに、徐々に（累積効果によって）差が際立ってくると考えられる。

これは自然の増幅効果だといえよう。

というわけで、天文観測をするときに、ある特定のγ線バーストに注目して、光子の波長によって到達時間に差が出るかどうかを調べればいいのだ。

２００７年に打ち上げ予定の宇宙望遠鏡ＧＬＡＳＴ（ガンマ線広角宇宙望遠鏡）は、そのような微小な差を検出できるのではないかと期待が寄せられている。もっと精密な測定が必要になるかもしれないが、ループ量子重力理論の実験・観測による検証が現実味を帯びてきたことはたしかである。（図51　ＧＬＡＳＴは光速度不変からのズレを検出できるだろうか）

コラム

γ線バースト

γ線バーストは１日に数回程度、星空に輝く「閃光」で、数秒から数時間にわたるものもある。

大気が邪魔になるため、γ線バーストは、人工衛星に搭載した観測装置でないととらえることができない。
1960年代にアメリカが地球における核実験を監視するために打ち上げた人工衛星ヴェラが宇宙からやってくる奇妙なγ線をとらえたのがγ線バーストの最初の観測となった。その後、さまざまな観測が行われたが、広い星空のどこからやってくるのかわからない閃光をとらえるのは難しい。その正体を初めて確実にとらえたのは、1999年になってからのことだった。1999年の1月23日に観測されたためにGRB990123という名前がついたγ線バーストは、実に90億光年という宇宙の彼方からやってきた閃光であることが判明した。（GRB＝Gamma Ray Burster）
γ線バーストは星が超新星爆発を起こしてブラックホールになるときに、星の回転軸に沿ってビームのようにγ線を放射する現象だと考えられているが、完全な証拠はない。

Dブレーンのレシピ「ワインバーグ-サラム理論」

さて、Dブレーンをつかってワインバーグ-サラムの電弱統一理論（＝標準素粒子理論）をつくってみよう。
料理のレシピをご覧ください。

超ひも風「ワインバーグ-サラム理論」のレシピ

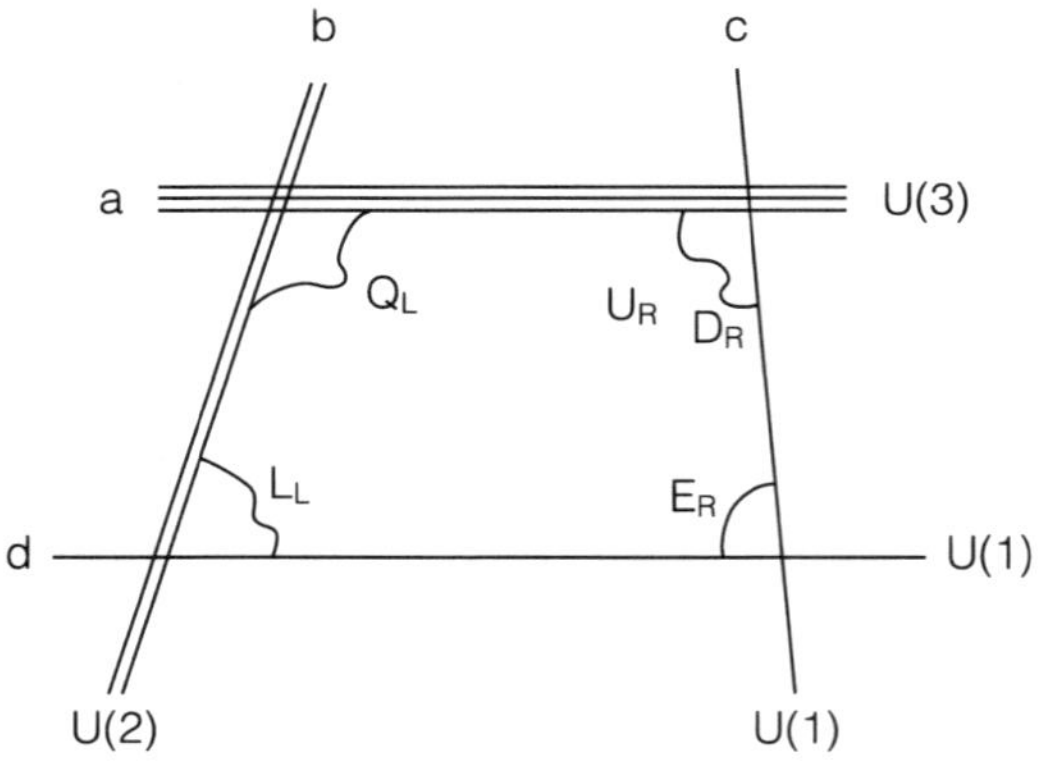

図52　ブレーンでワインバーグ-サラム理論を組み立てる

用意するもの
D6ブレーン7枚
ドーナツの恰好に丸まった空間

調理法
1　図のようにD6ブレーンを交差させる（図**52**　ブレーンでワインバーグ-サラム理論を組み立てる）
aは3枚重ね、bは2枚重ね、cとdは1枚ずつ
Dブレーンは張力をもっているので全体のバランスに注意してください
2　図のようにドーナツ形の空間に1で準備したものを巻き付けます（**図53**　ドーナツ形の空間に巻き付ける）
このとき余分なブレーンによって全体の張

図53　ドーナツ形の空間に巻き付ける

力のバランスをとってください

3　さあ出来上がり！

3分クッキング並みの簡単さだが、実際、このようにしてつくるのである。

いくつか説明が必要だろう。

まず、ワインバーグ-サラム理論に出てくる（光子などの）ボソンと（電子やクオークなどの）フェルミオンであるが、

ボソン　＝　同じブレーン上にある開いたひも

フェルミオン　＝　交差したブレーン間をつなぐ開いたひも

である。（図54　ボソンとフェルミオン）

7枚のブレーンを交差させた状態は、まるで、

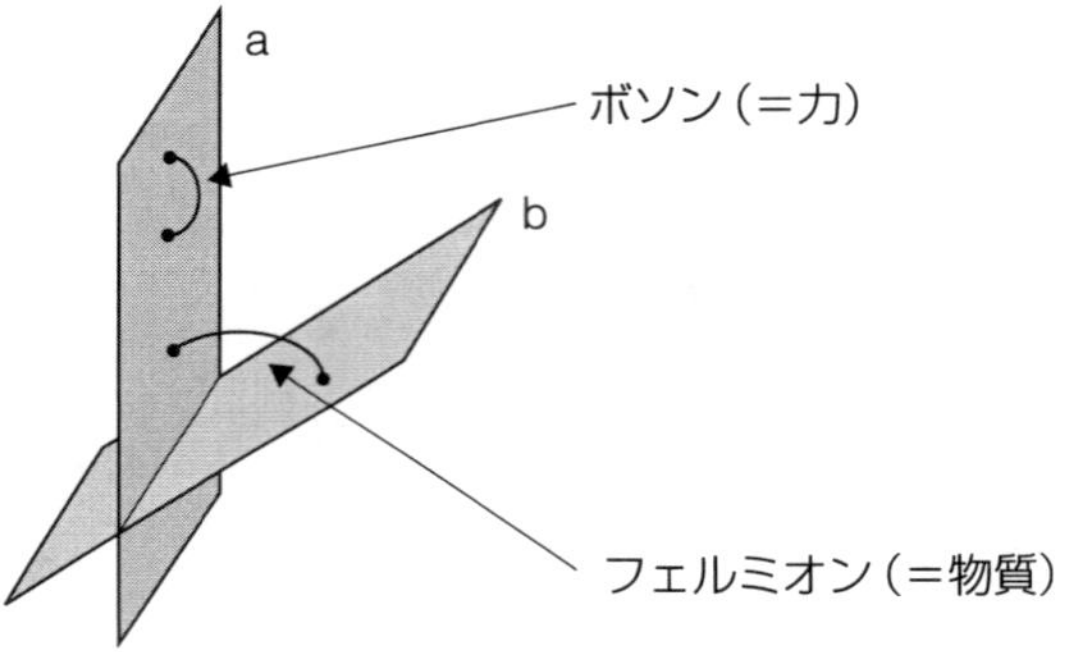

図54　ボソンとフェルミオン

トランプのお城みたいだが、実際、Dブレーンは張力をもっていて非常に不安定なので、うまく角度を調整してやらないといけない。(実は超対称性があると自動調節される。超対称性のないブレーンの場合は調節が大変になる)

ドーナツ形の空間にブレーンを巻き付ける理由は、もちろん、余分な次元から4次元のワインバーグ-サラム理論を紡ぎ出したいからだが、ドーナツの孔の数が決め手になる。

ワインバーグ-サラム理論……すなわち現実世界の素粒子は、たとえば、電子の仲間を例にとると、「電子—ミュー粒子—タウ粒子」という具合に「三世代」になっている。クオークも同様である。

実は、この世代の数は、ブレーン同士の交差の数から来るのだ。だから、うまい恰好のドーナツ形空間を選んでやって、ブレーンをうまく巻き付けてやると、電子の仲間やクオークの仲間(＝開いたひも)がくっついているブレーン同士が、ちょうど3回交差するのである。

それで、どうしてブレーンを3枚重ね、2枚重ね、1枚ずつ、というふうに分けたかであるが、それぞれ、強い力の素、弱い力の素、電磁力の素になっている。たとえば3枚あるのは強い色電荷が赤と青と緑の3つあることに対応している。

1枚余計にあると思われるかもしれないが、それは、フェルミオンには右回り（R）と左回り（L）があるからで、余計な1枚は右回りの素粒子をつくりだすのだ。

イメージ的に、素粒子の属性との数勘定が合うことがおわかりいただけたでしょうか？

コラム　実は予測になっていない？

うーん、読者に期待をもたせて具体的なレシピまで伝授したあとにこのようなことを書くのは気が引けるのだが、実は、超ひも理論からワインバーグ-サラムの統一理論ができても、実は全然、理論予測になっていない、という見方もある。

百歩譲って、ワインバーグ-サラム理論が再現できたことを素晴らしい理論的な成功だと認めても、とにかく、これで超ひも理論の正しさが証明されたことにはならない。

なぜだろうか？

それは、この節のDブレーンの交差の角度や6次元空間の丸め方などを見れば明らかなように、ワ

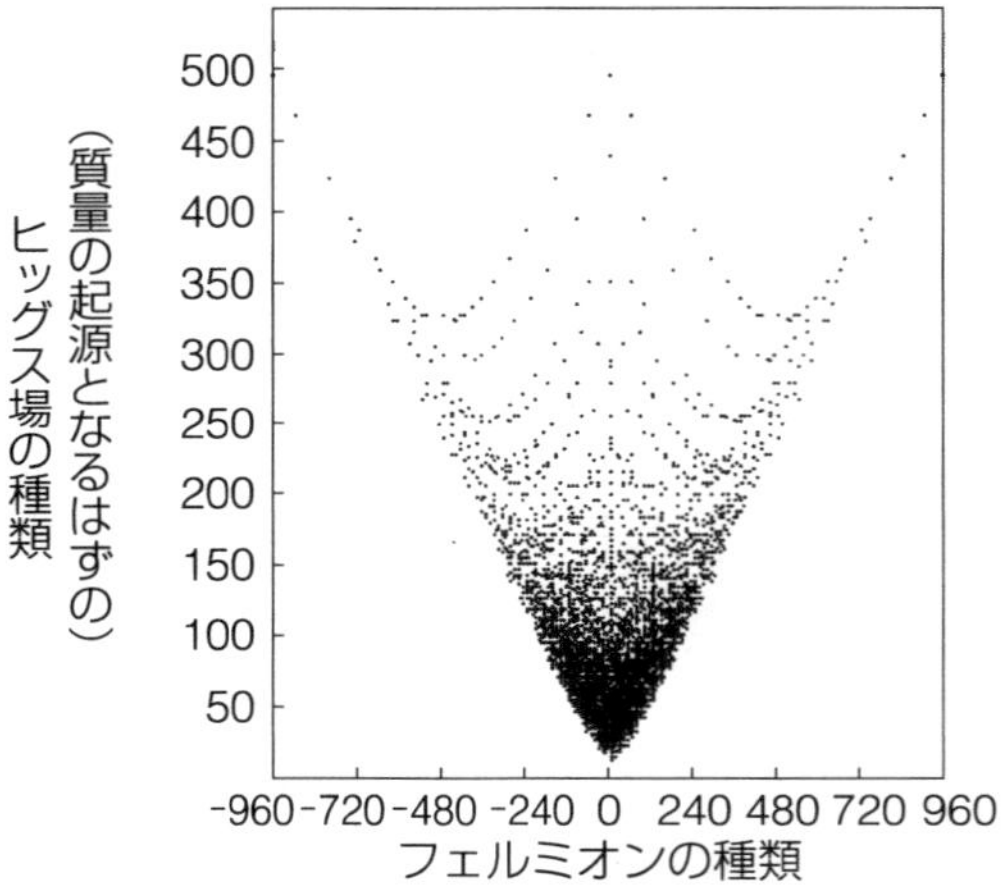

図55　超ひも理論の予測は多すぎて予測になっていない
A.Klemm, R.Schimmrigk「Nucl.Phys.」B411（1994）559-583より

インバーグ-サラムの統一理論ではない架空の統一理論も簡単につくることができてしまうからなのだ。

仮に使えるDブレーンの数や種類と角度と6次元空間の丸め方が一意的に決まって、ワインバーグ-サラムの統一理論しか出てこないのであれば、はっきりいって、超ひも理論は究極理論として万人に認められるであろう。

だが、今のところ、そういう情況ではない。

Dブレーンの種類や角度には「不安定だと壊れてしまう」ということから制限が課されるが、その制限だけでは充分ではない。また、6次元空間の種類も（少なくとも）10万はあって、そのうちのどれもが実現可能なのである。

グラフをご覧いただきたい。（図55　超ひも理論の予測は多すぎて予測になっていない）

これは、ワインバーグ-サラム理論において素粒子に「重さ」を与えるために必要とされるヒッグス粒子の種類を描いたものだ。超ひも理論が「予測」するパターンをすべて列挙したのである。われわれの棲んでいる現実の宇宙は、このうちのひとつなわけだが、超ひも理論は、まったく別の10万個の宇宙をも予測してしまうのである。

いいかえると、ワインバーグ-サラムの統一理論を再現できる点は素晴らしいが、残念ながら、あまりにも多くの可能性を予測してしまうため、実際上は、予測力はゼロに等しい。

これは、私が超ひも理論を貶《おと》しめようとしてこじつけているわけではない。

今現在、超ひも理論の研究者たちは、この10万におよぶ「可能な宇宙」のなかから、どうしてわれわれの宇宙が選ばれたのか、その理由を探し求めているのだ。

ひとつ、興味深い考え方がある。

もしかしたら、超ひも理論が「予測」する10万個の宇宙は、みんなどこかに存在しているのかもしれない。平行宇宙というわけだ。だが、あらゆる素粒子の組み合わせのうち、「超ひも理論を発見するような知性、つまり人間が進化できるような組み合わせ」は、きわめて限られているのかもしれない。だから、早い話が、私がこの超ひも理論の本を書いていること自体、この宇宙が10万分の1の確率で生まれたことを意味しているのかもしれない。考えてみれば、とても当たりそうもない宝くじにしても、当たった当人にとっては、「当たりそうもない」ということは意味がない。その人は当たったのである。それと同じで、われわれは、たまたま「当たり」の宇宙に棲んでいるというのだ。

これを「人間原理」という。「人間がいる以上、それは当たりである」という考え方だ。

――うーん、いったい、本当のところはどうなんでしょう?

マトリックス力学とはなんぞや

次節のマトリックス理論とのかねあいで必要になるので、手短に量子論と行列の関係を復習しておこう。

英語やドイツ語で行列のことをマトリックスという。マトリックス力学は1925年にハイゼンベルクが発見した量子力学の定式化の1つだ。

ポイント　マトリックス力学＝物理量は行列だ!

要するに、古典力学ではふつうの数だと考えられていた運動量やエネルギーといった物理量が行列になるのである。行列はたくさんの数を行と列にならべたもので、ふつうの数と同じように足したり引いたり掛けたり割ったりできるが、ひとつだけ大きなちがいがある。

それは、行列は一般には交換しないことだ。

たとえばふつうの数字の3と4は交換する。その意味は、3×4と4×3が同じ12になるので、3×4から4×3を引いたらゼロになる、ということだ。これを、

$$[3,\ 4] = 3\times4 - 4\times3 = 0$$

と書く。（最初の四角い括弧は単なる略記と思ってください）

行列の場合、こうはならない。

たとえば、3次元空間の中の回転は回転行列というものであらわされるが、x軸の廻りの回転R_xとy軸の廻りの回転R_yは、交換しない。

$$[R_x,\ R_y] = R_xR_y - R_yR_x \neq 0$$

嘘だと思うなら、目の前にサイコロを用意して、図のようにx軸の廻りとy軸の廻りの90度の回転を続けてやってみてください。次に、順番を逆さにして、y軸の廻りに回転してからx軸の廻りに回転してみてください。（図56　回す順番によってサイコロの目は変わる）

いかがだろう？　最終結果が食い違うはずだ。つまり、一般に回転（行列）は交換しないのである。いいかえると操作の順番によって結果が変わってくるのである。

マトリックス力学では、すべての物理量が交換しないわけではない。実際、交換しない行列の組み合わせは限られており、その代表例が、

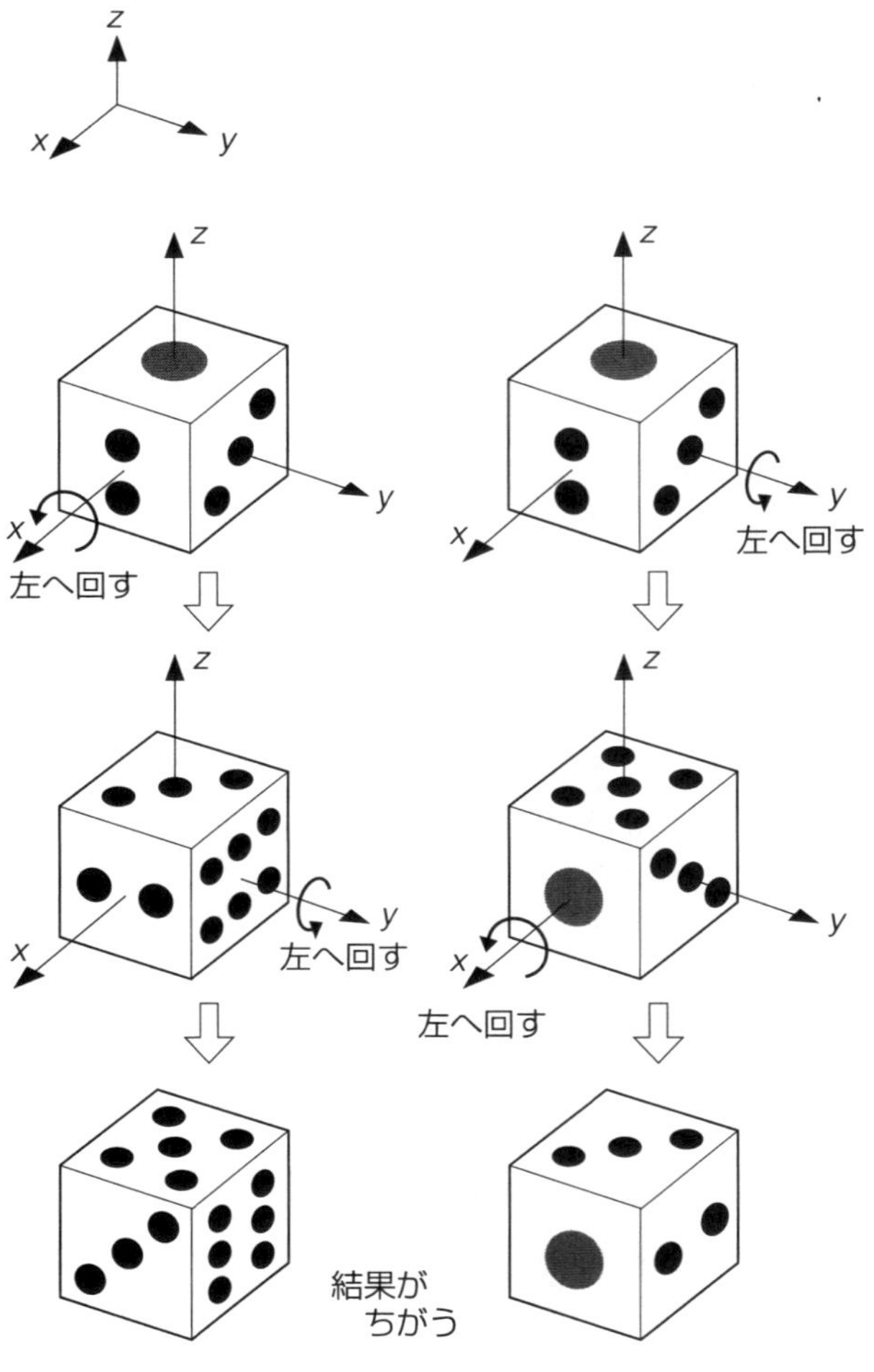

図56　回す順番によってサイコロの目は変わる

$$[x,\ p_x] = xp_x - p_x x = i\hbar$$

である。iは虚数であり、横棒が突き刺さった$\hbar$は「プランク定数」を2πで割ったもので、「エイチバー」と呼んでいる。

プランク定数は「2つの物理量が交換しない度合い」をあらわしている。xをメートル、p_xをキログラム・メートル毎秒で測ると、エイチバーの具体的な数値は、だいたい10のマイナス34乗になる。小数点以下にゼロが33個続いてから1がくるほど小さい。

これはいったい何を意味するのだろう？

量子論を特徴づける定数が日常生活のメートルとかキログラムといった基準からすると物凄く微小であることは、まさに、

「量子力学がミクロな世界で効いてくる」

ことを意味する。

実は、数学的には、交換しない度合い（$=\hbar$）は「不確定性」を意味する。xの不確定性とp_xの不確定性をΔxおよびΔp_xと書くと、

$$\Delta x \times \Delta p_x \fallingdotseq \hbar$$

になることが証明できる。

つまり、物理量が行列になって、交換関係がゼロでなくなると、それは数学的には不確定性を意味するのだ。

ポイント　交換関係がゼロでない　＝　不確定性がある

量子力学の最大の特徴は不確定性にある。

ハイゼンベルクのマトリックス力学は、その不確定性を数学的に組み込んだ、量子力学の具体的な定式化のひとつなのである。

このマトリックス力学の考えは、さらに拡張されて、超ひも理論の「親玉」にあたるM理論において重要な役回りを演ずることになる。

M理論のMは「マトリックス」のM?

M理論について、超ひも理論の旗手であるプリンストン大学のエドワード・ウィッテンは、次のようにインタヴューに答えている。（図57　M理論の地図）
M理論というのはもっと統一された理論の名前なんだ。われわれが知っている異なったひも理論

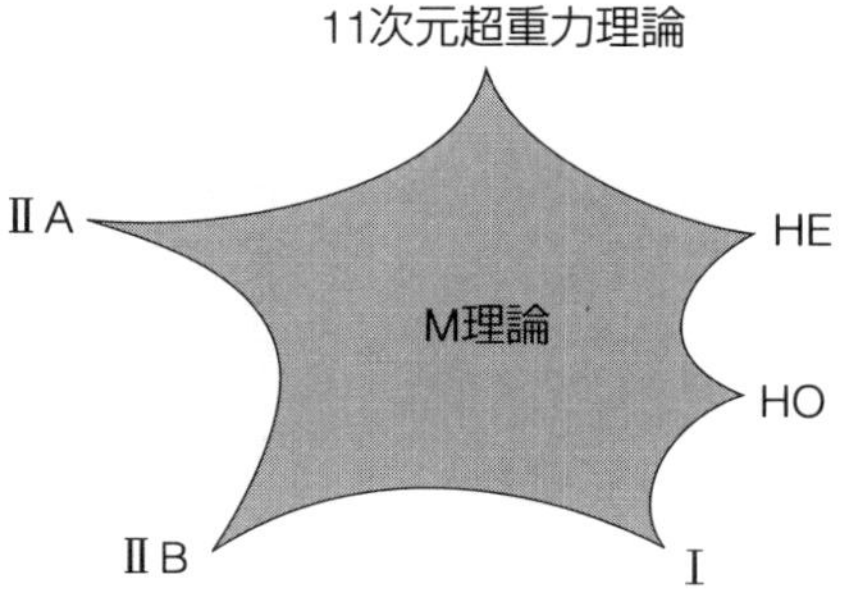

図57　M理論の地図

はM理論の極限だし、ある適切な条件下では、11次元の超重力理論を導くこともできる。われわれみんなが必ず描く絵があるんだ。異なるひも理論はM理論の極限なんだよ。M理論のMはマジック、ミステリー、マトリックスのいずれをも意味する。でも、ときにはMがモヤモヤのMだといわれることもある。なにしろM理論の真実はモヤモヤしているとしかいいようがないからね。（出典：www.superstrings.com、竹内訳）

モヤモヤというのは参ったが、原語はMurkyであり、「くすんだ、あいまいな、ハッキリ言えない」というような意味である。

たとえば、量子論に出てくるプランク定数が無視できる極限ではニュートン力学になる。あるいは相対論に出てくる光速度と比べて速度が無視できる極限ではニュートン力学になる。つまり、基礎理論の極限として近似理論が出てくるのである。

それと同じで、11次元の基礎理論としてM理論があって、その極限として、5種類の超ひも理論と11次元の超重力理論が出てくる、という……予測のことなのである。

みんながその存在を確信しているし、間接的な証拠もたくさん出てきているにもかかわらず、理論的な決定版が誰にもわからない。そういった現状をとらえて、マジック、ミステリー、マトリックス、モヤモヤのMだというのだ。

このほかにもマザー（母親）という説もある。なぜなら、11次元のM理論のほかにも12次元のF理論があるのではないか、といわれているからだ。もちろん、F理論のFはファーザー（父親）のFである。

まるでジョークみたいだが、もちろん、真剣な理論研究が行われている。星の恰好をした図57をご覧いただきたい。われわれは未知の大陸に初めて足を踏み入れた「探検家」と同じ立場におかれている。

なにしろ人跡未踏の地であるから地図など存在しない。

もっと精確にいうと、沿岸部の様子は、かなりわかっている。人跡未踏といったが、大航海時代と同じで、この大陸にも文明はあるらしい。沿岸部には、6つの主要都市が存在し、その間の交易関係なども把握できている。

だが、どうやら、6つの都市は、互いに平等であるらしく、1つの都市が他の都市を支配しているようには見えない。

いや、実際は、どうやら、内陸部にこの都市国家連合をまとめている「首都」が存在して、そこから各都市に指令が発せられているように思われる。

だが、これまで、何人もの探検家が内陸部へと向かったのだが、無事に首都に到着して、帰還した者はいない。大陸のど真ん中にあると思われる首都と沿岸都市との間には、鬱蒼とした密林が生い茂り、大河があり、深い峡谷があり、おまけに現地人の話す言葉は、沿岸部でこそ探検家の通訳が翻訳してくれるが、大陸の奥深くへと進むにしたがって、まったく言葉が通じなくなってしまう。

まあ、そんな感じなのです。

そこで、この巨大な首都の全貌がどうなっているのか、沿岸部への交通手段はどうなっているのかに探検家の興味が集まっているわけだ。

２００４年春の時点でM理論が本当は「何」なのか、さまざまな提案はなされているものの、決定打は出ていない。

だが、多くの研究者が有望だと考えている説はマトリックス理論というものである（映画の『マトリックス』とは直接関係がない。念のため）。マトリックスとは行列のことである。そういえば量子力学にもハイゼンベルク流の行列力学という方式がありましたね？　あの行列と関係があるのだろうか？

あります。（キッパリ）

量子力学の行列の場合、「交換できない行列の間には不確定性がある」のであった。交換できない行列とは、たとえば位置の演算子xと運動量の演算子p_x、あるいは、角運動量の成分同士L_xとL_yなどであった。だが、量子力学では、位置の演算子xとyは交換する。いいかえると、xとyの間には不確定性は存在しなかった。

M理論の候補としてのマトリックス理論では、この量子力学の行列を座標にまで拡張して、xやyやzの行列同士も交換しないような情況を考える。ただし、M理論は11次元であることがわかっているので、座標の数も3つではなく10個に増える。(11−10=1が時間になる)

ニュートン力学では全エネルギーは運動エネルギーとポテンシャル・エネルギーを足したものだった。それは量子力学でも同様であり、マトリックス理論にも踏襲される。たとえば、バネ定数kのバネのポテンシャルは(伸びた距離)xの2乗に比例するが、マトリックス理論では座標同士の間に不確定性があって交換しないので、

$$x^2 \to [X_i, X_j]^2$$

という具合に置き換えられる。ただし、添え字のiとjについては1から10までの和をとる。

ええと、わかりにくいので具体的に書きましょうか。

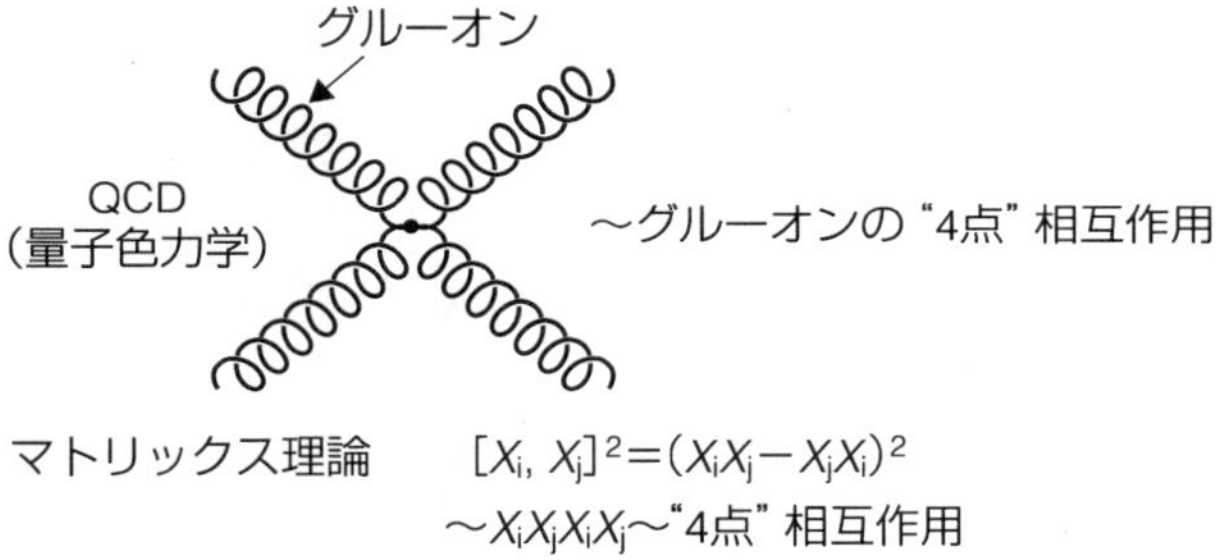

図58　グルーオンの4点相互作用はマトリックス理論と同じ恰好をしている

$$[X_1, X_2]^2+[X_1, X_3]^2+ \cdots +[X_9, X_{10}]^2$$

という全ての座標の間の交換関係の和になる。

だが、どうして2乗なのだ？

これは、量子力学における角運動量の交換関係を思い出せば理解できるはずだ。角運動量の2つの成分の間の交換関係は、たとえば、

$$[L_x, L_y] = i\hbar L_z$$

という具合に角運動量の別の成分になるのであった。マトリックス理論の座標は、量子力学の角運動量と同じように成分同士が交換しないので、交換関係そのものが別の座標のようになるのだと考えられる。だから、マトリックス理論に出てくる座標の交換関係のポテンシャルは、バネのポテンシャルを一般化したものにすぎないのである。

マトリックス理論の交換しない座標は、実は、Dブレー

ンの位置座標だと考えられる。
驚くべきことに、この交換関係は、強い相互作用におけるグルーオンの相互作用と完全に同じ恰好をしている。（図58　グルーオンの4点相互作用はマトリックス理論と同じ恰好をしている）
これは、もちろん偶然ではなく、超ひも理論の究極理論としての一面が強くでているのである。前に述べたホログラフィー原理がそのまま組み込まれているわけだ。
1960年代に原子核の強い相互作用を記述する理論として登場したひも理論は、その後、超対称性を組み込んで重力理論としての道を歩み続けたが、1990年代半ばにいたり、ホログラフィー原理を通じて、ふたたび強い相互作用を記述することができるようになった。グルリと一周りして、一回り大きく成長して、出発点に戻ってきた感がある。

おわりに　丸まった次元をマセマティカで見てみよう

本書の冒頭で述べたように、超ひも理論は、量子論や相対論や超対称性やひもといった、さまざまな食材を集めて鍋に入れて、グツグツと煮込んだ料理のようなものだ。

その結果、でてきた料理は、一風変わったヴァイオリンの弦の（量子化されて飛び飛びになった）音色であり、その弦の端にはDブレーンというダイナミックな存在が隠れていて、それを11次元の時空内でうまく配置してやると、ブラックホールにもなるし、電子や光子などの素粒子にもなる。

M理論や超ひも理論にでてくる高次元は、なんらかの理由によって、われわれの目には見えないようになっている。

それが本当に丸まっているのか、それとも大きいけれども重力しか洩《も》れ出さない仕組みになっているのか、まだよくわかっていない。

また、超ひもが「ごった煮」によって「素粒子を統一しよう」という理論であるのに対して、対立候補と目されるループ量子重力理論のほうは「澄んだスープ」のようなレシピで量子論と重力理論を統一しようとする。

たとえばワインバーグ-サラムの素粒子の統一理論は、量子論と両立する。素粒子の統一理論は量子論と張り合うのではなく、量子論を基礎理論として用いているのである。

つまり「ジャンルがちがう」のである。

だとしたら、超ひも理論とループ量子重力理論とは、充分に両立する可能性がある。

超ひも理論は背景時空をあらかじめ与えてやる必要がある。ループ量子重力理論は背景時空そのものを（より基本的な）スピンネットワークからつくりだす。

以前、私は、ペンローズのツイスター理論が超ひも理論と両立する可能性があると書いたのだが、ループ量子重力理論がペンローズのスピンネットワークを基礎にしているという意味では、同じことを感じ続けているのだ。（ただし、同じスピンネットワークから始めても、ペンローズはツイスターへの道を進み、スモーリンとロベーリらはループ量子重力理論への道を歩んだために到達点に大きな差が出たような気がする）

超ひも理論に話を戻すと、今のところ、一番大きな問題は「余分な次元」の行方であろう。

本書の後半でご紹介したように、余分な6または7次元は小さく縮んでいるかもしれないし、その一部は大きいままかもしれない。この点に関しては２００４年の時点で実験的な結論は出ていない。

この本も終わりに近づいた。

筆を擱《お》く前に、余分な次元の「恰好」をマセマティカで描いてご覧にいれよう。

小さく丸まったドーナツ形の空間で、数学者の名前をとって「カラビ-ヤウ空間」と呼ばれて

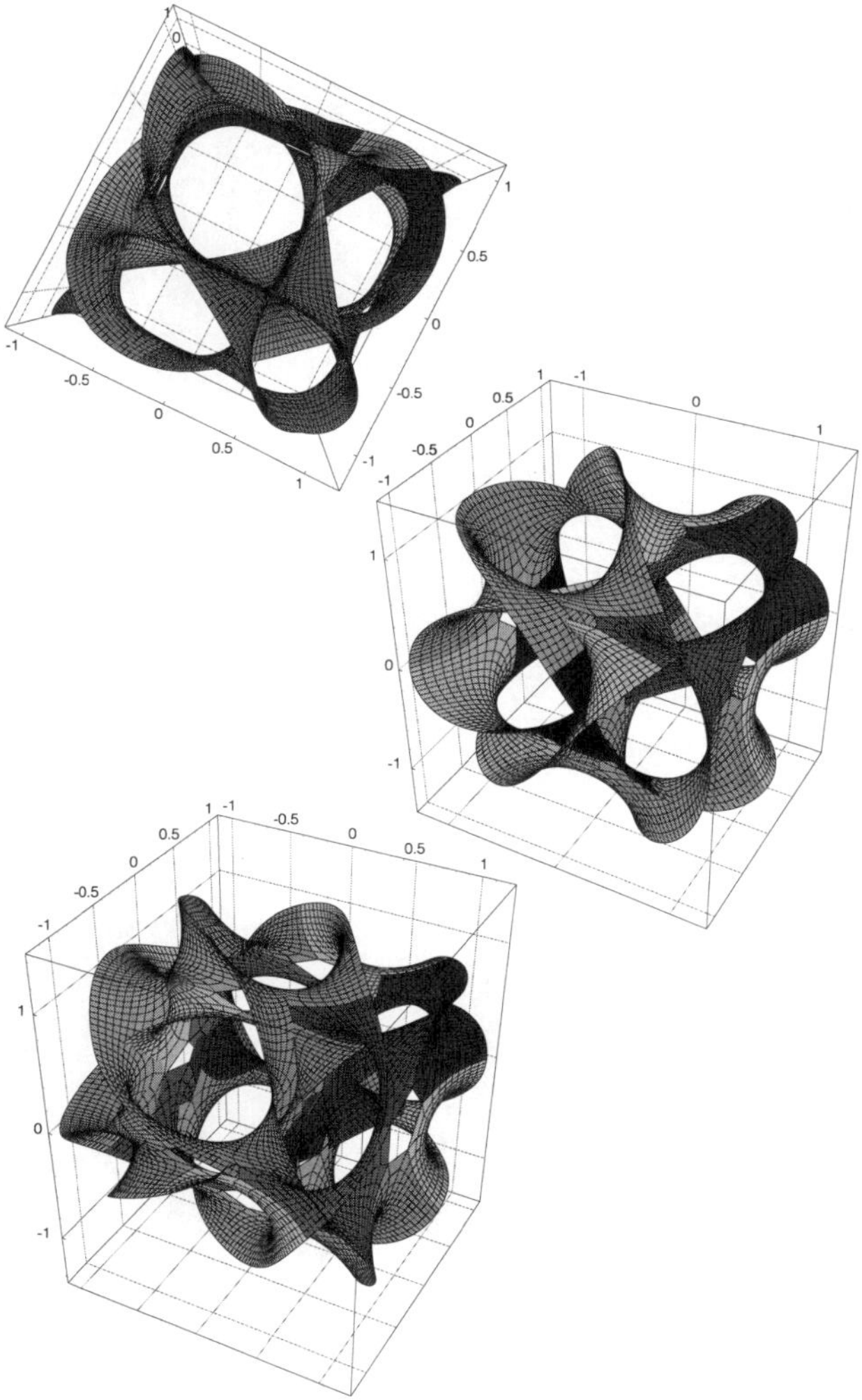

図59　超ひもの丸まったドーナツ形空間

いる。難しいことは抜きにして、こうやってイメージを抱くことも物理学の愉しみのひとつであろう。

しばしご鑑賞ください。（図59　超ひもの丸まったドーナツ形空間）

この孔だらけの丸っこいものが、空間の各点に存在するかもしれないのだ。そう、おそらく、あなたの目の前にもそれは存在する。

難解な数学を駆使して説明される超ひも理論の世界を（ほとんど）数式なしで解説するのは、至難の業であった。

素直に白状すると、私が大学院で超ひも理論を勉強していたのは、もう15年も前のことであり、今回、何十篇もの専門論文を読んで「第二次超ひも革命」の進展に追いつくのに精一杯だったのだが、それを数式なしで解説する段になって、途中、何度も筆が止まってしまった。

これは一般科学書の宿命なのだが、超ひも理論は、物理学理論のなかでも際立って「数学的」であり「抽象的」な理論であるため、精確さとわかりやすさの両立に苦慮（苦悩？）した。

結果的に、精確さを優先したためにわかりやすさが犠牲になった箇所もあり、逆に、わかりやすい比喩が精確さを危うくしているところもでてきたように思う。

まるで不確定性のジレンマに陥ったかのような錯覚を覚えました。

だが、その不確定性を最小限に抑えるよう最大限の努力をしたつもりだ。

いつものことだが、その結果については、読者の厳正なる審判をあおぐこととしたい。

２００４年　横浜のランドマークタワーと桜を見ながら

竹内　薫

補足1　一口相対論

ここではアインシュタインが１９０５年に発見した特殊相対性理論の幾何学的な意味を解説したいと思う。

さて、相対論のポイントだが、

ポイント　相対論は座標軸の（広義の）回転の理論だ

とまとめることができる。

いったい、どういうことだろう？

まず、ふつうの回転から入ろう。図をご覧ください。平面上で xy 軸を角度45°だけ回転させて $x'y'$、にした。すると、xy 座標系で（1, 1）とあらわされた点はダッシュのついた座標系では（$\sqrt{2}$, 0）とあらわされる。（図60　座標軸を回転すると座標値は変わる）

ここで、

「点の本当の座標は（1, 1）なのか、それとも（$\sqrt{2}$, 0）なのか？」

と問うことが無意味であることをご確認いただきたい。存在するのは点そのものなのであり、その位置をあらわすのに使う座標系は絶対的なものではない。たとえば、太郎が xy 座標系を用いて、

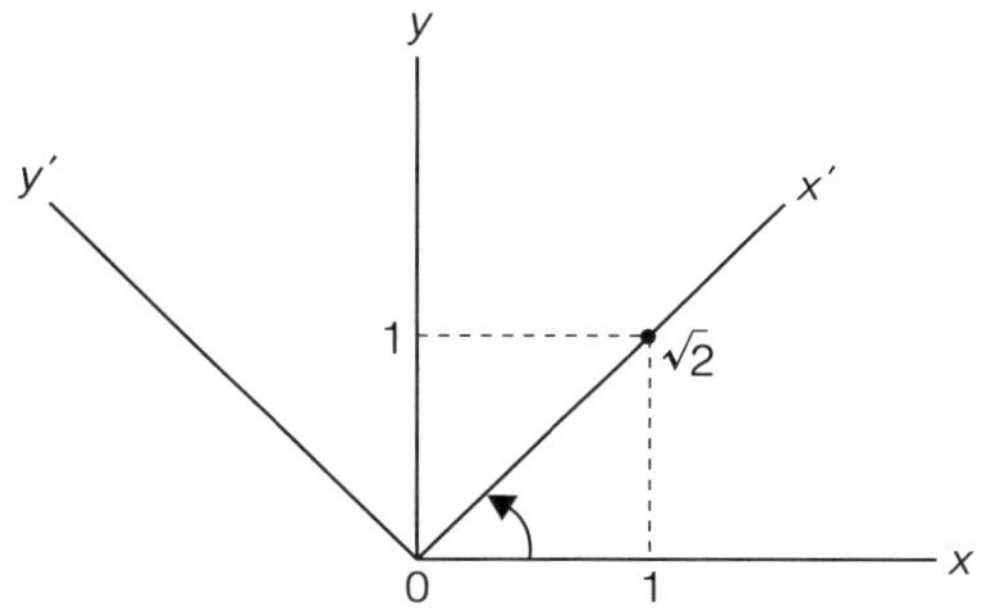

図60　座標軸を回転すると座標値は変わる

「点は（1, 1）にある」
と主張し、次郎がダッシュ系を用いて、
「点は（$\sqrt{2}$, 0）にある」
と主張したとしても、数学的に xy 座標系を角度 θ だけ回転させたら $x'y'$、座標系になることが示せれば何も問題はない。

回転は「変換」であり、それが数学的にきちんと定義されていれば混乱も生じない。

この例は2次元の回転だが、その本質は、次のごとし。

（図61　円の方程式は回転しても変わらない）

回転の本質　円を不変に保つ変換

あたりまえである。太郎の廻りに円があったとして、その場で角度 θ だけ回転したって、円の半径は不変だからだ。太郎の座標系と次郎の座標系で円の方程式は「不変」なのである。

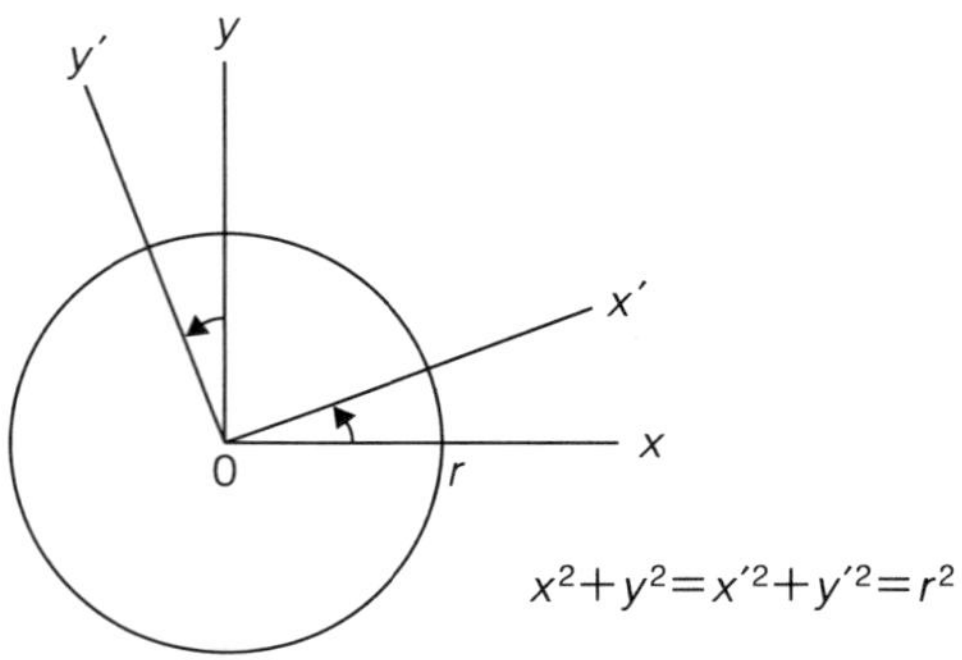

図61　円の方程式は回転しても変わらない

さて、次にこの何の変哲もない回転を概念的に拡張してみる。その拡張は二段階で行われる。

1　座標軸の数を（x, y）の2つから（t, x, y, z）の4つに増やす

2　回転の角度を虚数にする

第一段階については特に問題ないだろう。xとyとzは通常の3次元空間において「空間」と見なされる方向であり、tは「時間」の方向である。次元の言葉を用いるならば、2次元から4次元へと拡張したのである。われわれは3次元の回転までしか絵として思い描くことはできないが、それでも数学的に「回転」の概念を拡張することはたやすい。

問題は第2段階である。

角度が虚数とはいかなる意味であろうか？　これは回転をあらわす際に使う三角関数の角度を虚数にするのであ

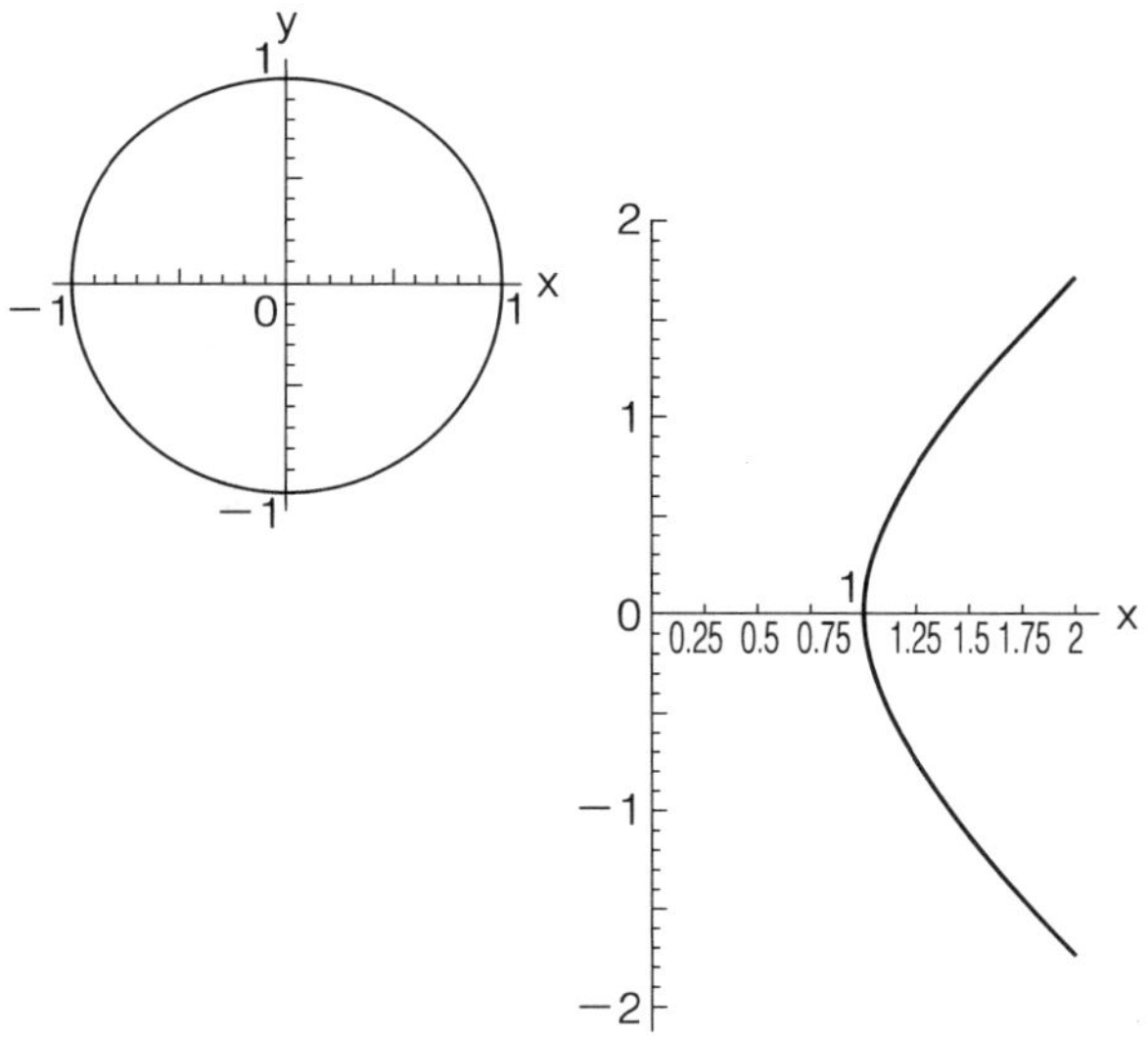

図62　双曲線は「虚数の円」に相当する

円の方程式：$\mathbf{x}^2+\mathbf{y}^2=1$を不変に保つのは通常の角度の回転（exp（i$\theta$）が関係する）
双曲線の方程式：$\mathbf{x}^2-\mathbf{y}^2=1$を不変に保つのは「虚数」角度の回転（exp（±$\theta$）が関係する）

る。すると、その奇妙な「回転」によって、円ではなく双曲線が不変になるのである。（図62　双曲線は「虚数の円」に相当する）

虚数の回転の本質　双曲線を不変に保つ変換

　何も難しいことはない。単なる概念の拡張なのである。

　ここまでくると、アインシュタインの相対論の意味が明らかになってくる。時空におけるある点が、太郎の座標系で t, x だとしよう。その同じ点は次郎の座標系では t', x' である。相対論では時空の点のことを「事象」と呼ぶ。事件というような意味である。だとすると、

太郎「t 時に x 地点で超新星爆発が起きた」

という発言は、

次郎「t' 時に x' 地点で超新星爆発が起きた」

という発言と必ずしも矛盾しないことになる。太郎の座標と次郎の座標が（広義の）「回転」で結ばれていれば、全体としての整合性は保たれるからである。

相対論においては、座標系だけでなくエネルギーや運動量も虚数の回転によって変換される。だから、目の前を物体が動いている場合でも、そのエネルギーは、太郎と次郎によってちがう値に見えることになる。

だが、エネルギーの場合でも、「不変」に保たれるものがあるにちがいない。実は、それこそが世界的に有名な、

$$E = mc^2$$

という式なのだ。これは「静止質量」と呼ばれていて、その物体が止まっているときにもっている重さである。この静止質量は、太郎から見ても次郎から見ても不変なのである。（静止質量は、回転で不変に保たれる円の「半径」に相当する）

補足2　「超」とはなんだろう?

超ひも理論の超は「超対称性」の超である。この「超」は英語では「スーパー」（super）である。それはボソンとフェルミオンの間の対称性を意味する。

超対称性　ボソンとフェルミオンを入れ替えても世界は変わらない

もちろん、現在知られている素粒子を取り換えたら世界は激変する。というより、基本的なボソンの数とフェルミオンの数も合わない。

そこで、超対称性が成り立つためには、既存の素粒子のそれぞれに「性別」が逆の超相棒（スーパーパートナー）がいるのだと仮定する。

ボース粒子	超対称性粒子	フェルミ粒子	超対称性粒子
フォトン（光子）	フォティーノ	電子	S電子
グラヴィトン（重力子）	グラヴィティーノ	クオーク	Sクオーク
グルーオン	グルィーノ	ニュートリノ	Sニュートリノ
ウィークボソン	ウィーノ		
Zボソン	ジィーノ		

図63　主な超対称性粒子

たとえば、性別がフェルミオンの電子には、性別がボソンの「s電子」がいると考える。あるいは、性別がボソンの光子（フォトン）には、性別がフェルミオンの「フォティーノ」、重力子（グラヴィトン）にはグラヴィティーノ、という具合である。

名前のつけ方　超相棒のボソンには名前の前にsをつけ、
　　フェルミオンには語尾の -on の代わりに
　　「-ino」をつける

（図63　超対称性粒子の一覧表）

２００４年時点で超対称性が必要とする超相棒の粒子は1つも見つかっていない。あるとしても質量が大きすぎて素粒子加速器でつくることができないからだと考えられる。

そのため、現代宇宙論の大きなミステリーのひとつであるダークマターの正体が超対称性粒子ではないかと考える物理学者も多い。

超対称性は理論的にはいろいろと好都合なことがわかっている。ボソンとフェルミオンは反対の性格をもっているため、いろいろな計算が相殺されてゼロになるのだ。たとえば、ボソンだけだと無限大になる計算も、フェルミオンからマイナスの無限大が出てくれば差し引きゼロという勘定になる。

うーん、これではかなりわかりにくいので、もっと身近な例を見てみよう。

現象論的な超対称性が原子核の物理学に登場するのだ。

これは、超ひも理論に出てくる超対称性とはちがって、もっと近似的なものだと考えられる。だから、厳密には超ひも理論の超対称性とは別のものだといえるが、その原理は同じなので、「超対称性とは何か」を理解するのには好都合であろう。

白金と金の原子核を考えよう。

白金の原子核は陽子が78個で金は79個である。それぞれの原子核には中性子も含まれており、ここでは白金の原子核に含まれる中性子の数が１１６個の場合と１１７個の場合を考える。また、金の中性子が１１６個の場合と１１７個の場合を考える。

記号では、

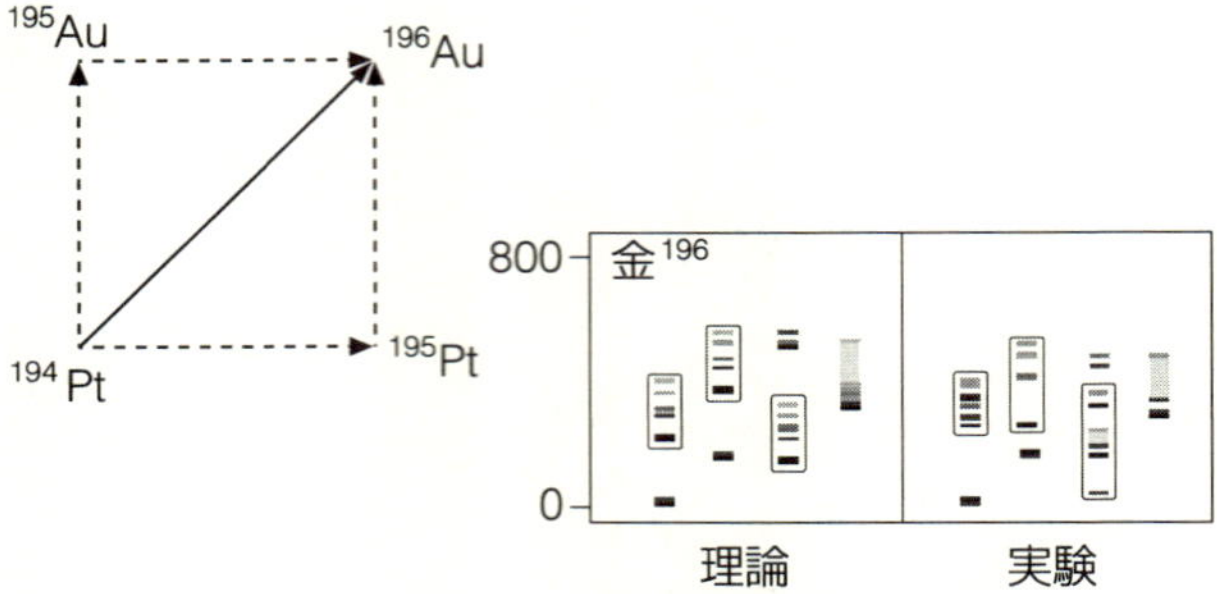

図64　原子核の超対称性

金195、白金194、白金195のデータを元に超対称性をつかって金196（四角の右上）のエネルギー準位を計算することができる。下は金196のエネルギー準位（左が理論値、右が実験値）。縦軸はキロ電子ボルト
（下は「Scientific American」2002年7月号より改変）

$${}^{195}_{79}\mathrm{Au}_{116}$$

など書く。左下が陽子数、右下が中性子数、左上がこのふたつを足したものである。

さて、ここで図をご覧いただきたい。（図64　原子核の超対称性）

それぞれの陽子数と中性子数を見てみると、4つのパターンがあることがわかる。「偶・偶」、「偶・奇」、「奇・偶」、「奇・奇」の4つだ。

陽子も中性子も偶数個だとボソンとしてふるまう。奇数個だとフェルミオンとしてふるまう。原子核の物理学は非常に複雑で一筋縄ではいかないのだが、ここで問題にしている超対称性の観点からは、

「ボソンとフェルミオンを入れ替えても世界が変わらない」

というのがポイントだ。

つまり、この4つの間に密接な関係がある、ということである。

この4つのうちの左下と右下と左上の3つの情報を利用して、対称性を使って理論的に右上の金196のエネルギー準位を計算して、実験と比較してみたところ、かなりの精度で理論と実験が一致した。

この結果は、実験が行われていない時点で理論予測が行われていたこともあって、かなり話題になった。

原子核の超対称性は、(既存の原子核だけが問題であり、新規の超対称性粒子の存在を予言しないので)素粒子レベルでの超対称性とは異なるが、それでも、原子核の計算において、ボソンとフェルミオンを取り換えても結果があまり変わらないというのは驚きである。

コラム フエゴ・デ・ペロタ

原子核の超対称性をアートにした人がいる。(メキシコ国立自治大学・原子核研究所のレナート・レムス博士)(図65 神様で超対称性をあらわす)

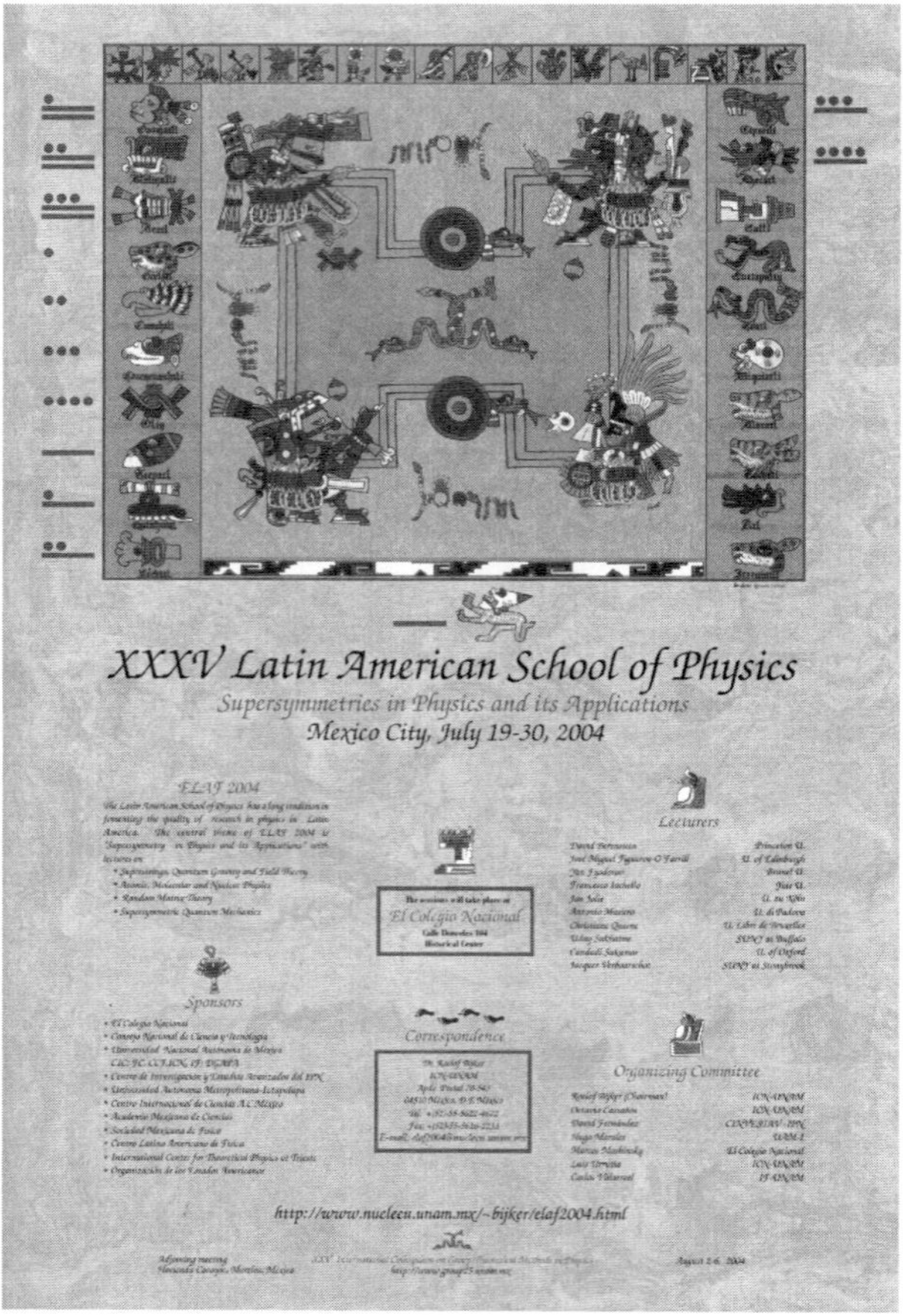

図65　神様で超対称性をあらわす

白金と金の陽子と中性子の数には、偶数個と奇数個の4つの組み合わせがあったが、あれを絵にしたのである。登場する4人の「神様」は、それぞれ「原子核」を象徴している。

左上＝テスカトリポカ＝白金194＝78＋116＝偶偶
右上＝ケツァルコアトル＝白金195＝78＋117＝偶奇
左下＝カマシュトリ＝金195＝79＋116＝奇偶
右下＝ウイツィロポチトリ＝金196＝79＋117＝奇奇

神様は「フエゴ・デ・ペロタ」(Juego de Pelota) という玉遊びをしている。神様には持ち玉が7個ずつある。玉には色がついており、それぞれに意味がある。

緑＝偶数の中性子＝ボソン
青＝偶数の陽子＝ボソン
黄＝奇数の中性子＝フェルミオン
赤＝奇数の陽子＝フェルミオン

変移の象徴である「コラリリョ」という名の蛇が玉を運ぶと神様は互いに変身する。蛇が玉を持ってくると陽子や中性子が「生成」されて1個増える。逆に蛇が玉を持っていってしまうと陽子や中性子が「消滅」して1個減る。（精確には偶数の陽子や中性子をまとめてボソンとしてあつかうので、奇数の陽子や中性子というのは、余った1個の陽子や中性子そのもののことである）

超対称性を神様にするとは、なんとも粋な計らいではないか。

付録　プランク長さ

「プランク長さ」は物理学の基礎理論である相対論、量子論、重力理論の3つの定数、すなわち、光速度c、プランク定数h、ニュートン定数Gを組み合わせてつくられる。（便宜上、プランク長さを2πで割った「$\hbar$：ディラックのh」を使うが、おおまかな大きさの話なので、元のプランク定数でもかまわない）

プランク長さ

$$\sqrt{\frac{G\hbar}{c^3}} \approx 1.6\times10^{-33}\mathrm{cm}$$

同様に「プランク時間」や「プランク重さ」もつくることができる。

プランク時間

$\sqrt{\dfrac{G\hbar}{c^5}} \approx 5.4\times10^{-44}$ 秒

プランク重さ

$\sqrt{\dfrac{c\hbar}{G}} \approx 2.1\times10^{-5}$ グラム

読書案内

超ひも理論とDブレーンの本は数がとても多く、一般書もたくさん出ています。2004年春の時点での読みやすい一般書をいくつかピックアップしてみました。

『超ひも理論と宇宙』吉川圭二（裳華房）
『入門　超ひも理論』広瀬立成（PHP研究所）
『マンガ　超ひも理論　我々は4次元の膜に住んでいる』川合光、高橋繁行（講談社SOPHIA BOOKS）
『イラスト「超ひも」理論』白石拓解説、工藤六助画（宝島社）
『宇宙「96%の謎」』佐藤勝彦（実業之日本社）
『エレガントな宇宙』ブライアン・グリーン著、林一、林大共訳（草思社）

このレベルを超えると一気に難しくなりますが、次に、本書の執筆において、私が個人的に助けられた講義録や論文をあげておきます。（ほとんどの論文や講義録は、http://arxiv.org で手に入れることができます）

「Recent Developments in String Theory : From Perturbative Dualities to M-Theory」Michael Haack, Boris Körs, Dieter Lüst（arXiv : hep-th/9904033）（超ひもルネサンスの全貌を非常にわかりやすく解説してくれている。大学院初級レベル）
「Quantum States of Black Holes」Gary T. Horowitz（arXiv : gr-qc/9704072）（超ひもとDブレーンとブラックホールの関係を「対応規則」から解説）
「Quantum Gravity at the Planck Length」Joseph Polchinski（arXiv : hep-th/9812104）（ポルチンス

キーの本や論文は難解だが、講演録は、とてもわかりやすい。超ひも理論の背景となるアイディアが語られる）
「M-Theory : Uncertainty and Unification」Joseph Polchinski（arXiv : hep-th/0209105）（同右）
「Monopoles, Duality, and String Theory」Joseph Polchinski（arXiv : hep-th/0304042）（同右）
「Intersecting Brane Worlds : A Path to the Standard Model ?」Dieter Lust（arXiv : hep-th/0401156）（超ひもとDブレーンからワインバーグ-サラムの標準理論を紡ぎ出す方法が述べられている）
「How Far are We from the Quantum Theory of Gravity ?」Lee Smolin（arXiv : hep-th/0303185）（超ひも理論とループ量子重力理論の比較分析）
「Quantum Geometry and Gravity : Recent Advances」Abhay Ashtekar（arXiv : gr-qc/0112038）（ループ量子重力理論の概説）
「A Correspondence Between Supersymmetric Yang-Mills and Supergravity Theories」E. T. Akhmedov（arXiv : hep-th/9911095）（ホログラフィー原理がよくわかる解説。特に5・1はまとまっていて便利）

手前味噌で申し訳ありませんが、本書の内容を補う拙著をあげさせてください。
『次元の秘密』（工学社）（本書と重複する部分もあるが、より数学的な解説になっている）
『「場」とはなんだろう』（講談社ブルーバックス）（ファインマン図の解説）
『熱とはなんだろう』（講談社ブルーバックス）（ホーキング放射の解説）
『ゼロから学ぶ量子力学』（講談社）（量子論入門）

参考文献

『四次元の冒険』ルディ・ラッカー著、金子務監訳、竹沢攻一訳（工作舎）（次元について考えさせてくれるポピュラー・サイエンスの名著）

『いまさら電磁気学？』青野修（丸善）（電気力線の部分は一読の価値あり）

「On the Dimensionality of Spacetime」Max Tegmark（arXiv : gr-qc/9702052）（時間が２つ以上あるとどうなるかについての分析）

「Old Puzzles」Christof Schmidhuber（arXiv : hep-th/0207203）（超ひも理論が抱える問題についてわかりやすく解説している）

「Strings, Branes and Dualities」Laurent Baulieu, Philippe Di Francesco, Michael Douglas, Vladimir Kazakov, Marco Picco and Paul Windey (Eds.)（Kluwer Academic）（論文集。巻末に「Dブレーンの上を歩く子供たち」というインタヴューがある）

「Superstring Theory Vol.1,2」M. B. Green, J. H. Schwarz and E. Witten（Cambridge）（「旧い」超ひも理論の教科書の定番。15・4・3にカラビ-ヤウ空間の例がでている）

「String Theory Vol.1,2」Joseph Polchinski（Cambridge）（新しい超ひも理論の教科書の定番。特にDブレーンのくだりでは著者の独創が光る）

（「D-Branes」Clifford V. Johnson（Cambridge）（Dブレーンに的を絞った教科書）

「Physics Meets Philosophy at the Planck Length」Craig Callender and Nick Huggett（Cambridge）（超ひもの哲学的な側面。ウィッテンの論文なども入っている）

「Particle Physics : A Los Alamos Primer」 Necia Grant Cooper and Geoffrey B. West (Eds.) (Cambridge) (素粒子物理学入門)

「Decoherence of Matter Waves by Thermal Emission of Radiation」 Lucia Hackermuller, Klaus Hornberger, Björn Brezger, Anton Zellinger and Markus Arndt (Nature 427 (Feb. 19 2004) 711) (フラーレンが熱を失うと量子から古典粒子へ転移する実験)

「The Quantum of Area ?」 John C. Baez (Nature 421 (Feb. 13 2003) 702) (ループ量子重力理論において面積が量子化されていることを一般向けに解説)

「Loop Quantum Gravity and Quanta of Space : a Primer」 Carlo Rovelli, Peush Upadya (arXiv : gr-qc/9806079) (面積の量子化を数学的に厳密かつ最短で解説)

「The Superworld」 Nathan Seiberg (arXiv : hep-th/9802144) (超対称性の概論)

「A New Look at Nuclear Supersymmetry through Transfer Experiments」 J. Barea, R. Bijker and A. Frank (arXiv : nucl-th/0402059) (原子核の超対称性の最新報告)

「Extra Dimensions and Warped Geometries」 Lisa Randall (Science 296 (May 2002) 1422) (ブレーン世界同士が近くてもいい、という論文の解説)

「A Cyclic Model of the Universe」 Paul J. Steinhardt and Neil Turok (Science 296 (May 2002) 1436) (ブレーン宇宙同士がぶつかってビッグバンとビッグクランチがくりかえされる宇宙モデル)

以下の一般向け解説を参考にさせていただきました。

「Loop Quantum Gravity」 Carlo Rovelli (Physics World Nov. 2003)

「String Theory Meets QCD」Nick Evans (Physics World May 2003)
「Information in the Holographic Universe」Jacob D. Bekenstein (Scientific American Aug. 2003)
「Atoms of Space and Time」Lee Smolin (Scientific American Jan. 2004)
「The Universe's Unseen Dimensions」Nima Arkani-Hamed, Savas Dimopoulos and Georgi Dvali (Scientific American Jan. 2004)
「Black Holes and the Information Paradox」Leonard Susskind (Scientific American April 1997)
「The Theory Formerly Known as Strings」Michael J. Duff (Scientific American Fev. 1998)
「Uncovering Supersymmetry」Jan Jolie (Scientific American July 2002)
「Profile：Monstrous Moonshine is True」W. Wayt Gibbs (Scientific American Nov. 1998)

以下のインターネットの関連サイトを参考にしました。

- http://theory.caltech.edu/people/jhs/strings/index.htm
- http://www.sukidog.com/jpierre/strings/
- http://superstringtheory.com/index.html
- http://www.cs.indiana.edu/~hanson/
- http://emsh.calarts.edu/~mathart/Zoetrope2/Zoetrope2_prop.html

最後の2つにはカラビ-ヤウ空間の描き方が載っています。

【ま行】

【や行】

【ら行】

【わ行】

【な行】

【は行】

【さ行】

【た行】

さくいん

N.D.C.421　270p　18cm

ブルーバックス　B-1444

超《ちょう》ひも理論《りろん》とはなにか
究極の理論が描く物質・重力・宇宙

2004年5月20日　第1刷発行
2023年8月7日　第19刷発行

著者　竹内《たけうち》　薫《かおる》
発行者　髙橋明男
発行所　株式会社講談社
〒112-8001 東京都文京区音羽2-12-21
電話　出版　03-5395-3524
販売　03-5395-4415
業務　03-5395-3615
印刷所　（本文印刷）株式会社ＫＰＳプロダクツ
（カバー表紙印刷）信毎書籍印刷株式会社
製本所　株式会社国宝社

定価はカバーに表示してあります。

ISBN4-06-257444-6

発刊のことば

科学をあなたのポケットに

二十世紀最大の特色は、それが科学時代であるということです。科学は日に日に進歩を続け、止まるところを知りません。ひと昔前の夢物語もどんどん現実化しており、今やわれわれの生活のすべてが、科学によってゆり動かされているといっても過言ではないでしょう。

そのような背景を考えれば、学者や学生はもちろん、産業人も、セールスマンも、ジャーナリストも、家庭の主婦も、みんなが科学を知らなければ、時代の流れに逆らうことになるでしょう。

ブルーバックス発刊の意義と必然性はそこにあります。このシリーズは、読む人に科学的に物を考える習慣と、科学的に物を見る目を養っていただくことを最大の目標にしています。そのためには、単に原理や法則の解説に終始するのではなくて、政治や経済など、社会科学や人文科学にも関連させて、広い視野から問題を追究していきます。科学はむずかしいという先入観を改める表現と構成、それも類書にないブルーバックスの特色であると信じます。

一九六三年九月

野間省一